Le Petit
POUCET DU XIX SIÈCLE
P. PASSY

BIBLIOTHÈQUE
des Écoles et des Familles
HACHETTE & C.ie
PARIS

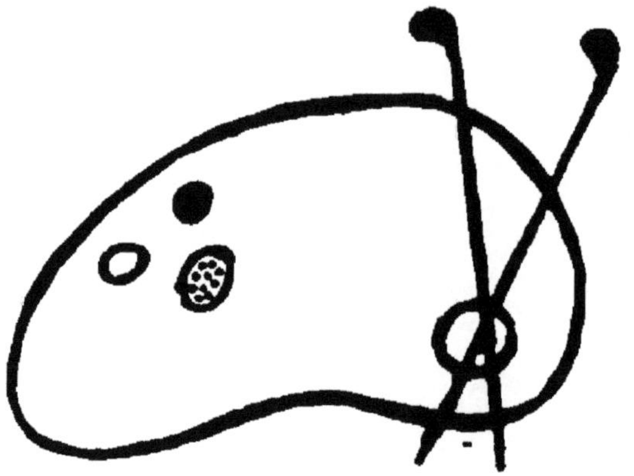

Fin d'une série de documents
en couleur

LE
PETIT POUCET
DU XIXe SIÈCLE

COULOMMIERS

Imprimerie PAUL BRODARD.

LE
PETIT POUCET

DU XIXᵉ SIÈCLE

GEORGES STEPHENSON ET LA NAISSANCE DES CHEMINS DE FER

PAR

FRÉDÉRIC PASSY

MEMBRE DE L'INSTITUT

Chassez de vos autels, juges vains et frivoles,
Ces héros conquérants, meurtrières idoles,
Tous ces grands noms enfants des crimes, des malheurs,
De massacres fumants, teints de sang et de pleurs :
Venez tomber aux pieds de plus pures images...
ANDRÉ CHÉNIER.

SIXIÈME ÉDITION

PARIS
LIBRAIRIE HACHETTE ET Cⁱᵉ
79, BOULEVARD SAINT-GERMAIN, 79

1895

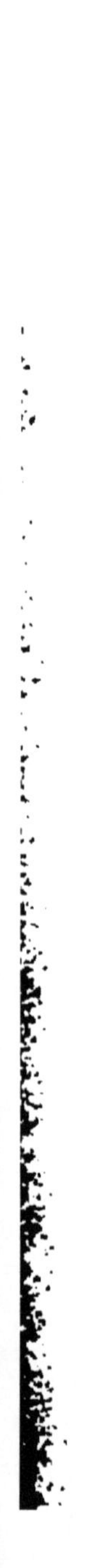

AVANT-PROPOS

On veut aujourd'hui pour la jeunesse des livres sérieux, et l'on a bien raison. Je lui en offre un, et j'ose espérer qu'elle lui fera bon accueil. C'est l'histoire du Petit Poucet.

Oui, mes amis, du Petit Poucet, et du vrai; car celui dont les aventures ont amusé notre enfance n'était qu'un Petit Poucet de contrebande, dont le moindre défaut, vous le savez bien, est de n'avoir jamais existé. Le mien, je veux dire celui de ce siècle (car c'est en ce siècle même qu'il a vécu, et plus d'un parmi nos contemporains a pu le voir de ses yeux); le mien est authentique, et c'est un autre personnage, en vérité, que le héros du conte de Perrault, sans en dire de mal, de ce pauvre petit.

Et qu'a-t-il donc fait de si étonnant, après tout, cet enfant de l'imagination de nos pères? Il a dérobé à l'ogre, une fois par hasard, pour une course pressée et pour lui tout seul, ses grandes bottes de sept lieues. La belle affaire! ce sont des bottes de cent lieues, de mille lieues, de dix mille lieues, que l'autre, dans son heureuse audace, a prises à la nature.

Et il nous les a données à tous, à vous comme à moi, au plus pauvre comme au plus riche, et au plus simple comme au plus intelligent, ces grandes bottes de mille lieues qui s'appellent les chemins de fer.

Il a mis au service de l'humanité entière, et pour toujours, aussi longtemps qu'il y aura une humanité et une terre, ces infatigables chevaux de fer à l'âme de feu qui dévorent l'espace avec autant de docilité que de puissance; emportant et rapportant sans cesse et dans toutes les directions les hommes et les choses; franchissant les abîmes, abrégeant les distances, épargnant le temps et allongeant la vie; rendant facile aux plus petits ce qui hier était difficile aux plus grands, accessible à tous ce qui n'était abordable pour personne, et peu à peu faisant du globe, à force d'y mêler sans relâche les produits et les races, un atelier commun et un commun marché, en attendant qu'il devienne enfin, selon la parole trop lente à se réaliser des premiers apôtres, la demeure commune et bénie d'une famille heureuse et paisible : *Omnes unanimes in eâdem domo.*

Oui, voilà ce qu'un homme a fait, de nos jours, et à deux pas de nous. Tout le monde ne le sait pas encore, parce que ce n'est pas toujours la vraie grandeur qui frappe le plus les regards ; mais il est temps que tout le monde le sache, parce qu'il est temps que l'humanité apprenne à connaître enfin ses véritables bienfaiteurs.

Et celui qui a fait cela (en ce siècle, encore une fois), celui qui, du jour au lendemain, pour ainsi dire, a changé pour nos pères et pour nous toutes les conditions de l'existence, ce n'était pas un de ceux qu'on appelle d'ordinaire les privilégiés de la fortune et que des avantages exceptionnels semblent prédestiner à jouer ici-bas un rôle considérable. Il n'avait trouvé au foyer paternel, le pauvre petit, ni les honneurs ni la richesse ; il n'y avait pas même trouvé l'instruction. Fils d'ouvrier et ouvrier lui-même, ouvrier du plus rude et plus pénible labeur, perdu, dès son enfance, loin de la clarté du soleil et de la société des hommes, dans les sombres profondeurs d'une galerie de mine, à dix-sept ans, presque à l'âge d'homme, il ne connaissait pas ses lettres. Un quart de siècle plus tard, à quarante-cinq ans, il était le plus grand ingénieur pratique de l'Angleterre et de l'Europe; le créateur de l'ère nouvelle des transports rapides et économiques; le génie bienfaisant qui faisait tomber devant les hommes les obstacles jusqu'alors insurmontables à leurs efforts et donnait des ailes à la matière comme à la pensée.

Comment cela et pourquoi?

Parce qu'il avait employé le temps et la vie : la vie, qui est le seul bien qu'à vrai dire nous ayons à notre disposition; et le temps, qui est « l'étoffe dont la vie est faite ».

Parce qu'il avait travaillé, épargné, étudié, réfléchi, cherché, voulu; voulu surtout, et, comme il l'a dit lui-même pour encourager les autres à l'imiter en leur enseignant son secret, *persévéré*. Aucune fée ne l'avait touché de sa baguette; il avait un talisman pourtant, mais un talisman dont il s'était doté lui-même et que nous pouvons tous nous donner à son exemple : la persévérance.

C'est cette histoire, d'autant plus intéressante qu'elle est plus vraie, d'autant plus merveilleuse qu'elle est plus simple, d'autant plus riche en enseignements que le héros en est plus modeste et qu'il n'y a, dans le régulier développement de ses qualités et de ses vertus, rien qui ne soit, avec de la bonne volonté, à la portée de tous ; c'est, dis-je, cette histoire plus grande cent fois, dans ses longues et obscures épreuves comme dans ses triomphes tardifs, que celle des souverains et des ministres dont la gloire sanglante a trop souvent ébloui nos regards, que je voudrais présenter, telle que je la comprends, à la chaude et féconde admiration des jeunes cœurs et des jeunes esprits.

J'ai cru pouvoir dire qu'elle aurait pour plus d'un l'attrait de la nouveauté. On sait en général, en effet (pas toujours)[1], que c'est à un Stephenson que sont dus les chemins de fer. On ne sait guère à quel Stephenson, si tant est que l'on sache qu'il y en a eu deux ; et bien moins encore sait-on ce qu'a été ce Stephenson. J'essayerai de dire l'un et l'autre. Et sans négliger les œuvres, qui suffiraient à rendre immortel le nom de l'homme, mais dont la description se trouve, plus détaillée et plus précise que je ne la saurais donner, dans

1. Un de mes amis, homme d'un esprit élevé et généreux, ayant un jour constaté, en interrogeant un jeune élève d'un de nos meilleurs lycées, que le nom du grand mécanicien anglais n'avait jamais été prononcé devant lui, en exprimait le soir son étonnement avec quelque vivacité dans un salon. Il fut bien plus étonné encore lorsque l'un des assistants, le prenant à part, lui fit remarquer que ses auditeurs, gens du meilleur monde, se regardaient en se demandant ce qu'il pouvait bien avoir à chanter les louanges de ce Stephenson dont ils n'avaient jamais ouï parler.

les ouvrages techniques auxquels je renvoie[1], je m'attacherai surtout à faire connaître, c'est-à-dire à faire aimer l'homme, qui a été bien supérieur à ses œuvres et dont le caractère, en bonne justice, a dépassé le génie.

FRÉDÉRIC PASSY.

1. Voir, entre autres, *Francinet*, par O. Bruno, où j'ai puisé moi-même la première idée de raconter à mon tour la vie de G. Stephenson ; *Quatre Ouvriers anglais*, par Jonveaux, d'après Samuel Smiles, où j'ai pris la plupart des détails complémentaires; Louis Figuier, *Découvertes scientifiques modernes*, etc.

Inutile de dire que je dois à ces auteurs tout le fond du récit. La forme seule, et une partie des réflexions dont j'ai accompagné l'exposé des faits, m'appartiennent.

LE
PETIT POUCET

DU XIXᵉ SIÈCLE

PREMIÈRE PARTIE

L'ENFANCE ET LA JEUNESSE D'UN GRAND HOMME

CHAPITRE PREMIER

I. — Naissance du Petit Poucet. — Sa première enfance.

Il y a bientôt un siècle (c'était en 1781, le 9 juin), dans un petit village du pays du charbon, à Wylam, près de Newcastle, naissait un enfant qui, comme le Petit Poucet, ou comme le grand Franklin, n'était pas le seul de la famille, et ne paraissait guère destiné à faire grand bruit dans le monde. On l'appela Georges, *Georges Stephenson*.

Son père, *Robert Stephenson*, ou, comme on disait familièrement dans le village, *le vieux Bob*, était un brave ouvrier qui avait mérité par sa bonne conduite d'être chargé de la pompe d'épuisement. On sait que, parmi les nombreuses difficultés qui compliquent l'extracion de la houille, figurent les infiltrations, plus ou moins abondantes, qui tendent à envahir les galeries souterraines et souvent compromettent à la fois le travail et la vie des ouvriers. Enlever les eaux des profondeurs, et y envoyer, à la place de l'air vicié qui s'y accumule, de l'air frais et respirable, sont deux

GEORGES STEPHENSON.

des nécessités auxquelles doit incessamment pourvoir toute exploitation intelligente.

De ces deux nécessités, la première évidemment est la plus absolue, et dès le début des exploitations houillères il a fallu, sous peine de submersion totale, y pourvoir. Mais la seconde, à mesure que l'on a poussé le travail à de plus grandes profondeurs, est devenue, elle aussi, de plus en plus impérieuse ; et il a fallu recourir, pour y satisfaire, à des engins de plus en plus puissants. Sans une bonne ventilation, l'ouvrier souffre et produit peu ; plus la ventilation est active, au con-

MANÈGE DES HOUILLÈRES.

caire, plus il a d'énergie et abat de houille. Tant il est vrai que l'intérêt bien entendu et l'humanité sont toujours d'accord!

Sans être, dans son poste modeste, parmi les derniers et les moins rétribués, le vieux Bob n'était pas riche, et ce n'était pas sans peine qu'il suffisait aux charges de sa nombreuse famille. Aussi le petit Georges s'éleva-t-il à peu près comme il put. Il grandit, ainsi que bien d'autres en ce temps, et dans le nôtre encore à la grâce de Dieu, ce qui veut dire trop souvent à la merci du diable.

Non qu'il vagabondât, à proprement parler. Non : il était sérieux par nature, ce petit; et, tout enfant encore, un de ses plaisirs était de fabriquer, avec du bois et de la terre, des modèles de machines, plus ou moins semblables à celles qu'il voyait fonctionner autour de lui. L'une d'elles, dont la réussite lui avait causé une joie naïve, fut, dit-on, brisée par des camarades étourdis ou malfaisants; et ce fut son premier grand chagrin.

Tout enfant aussi, il se rendait utile en surveillant plus ou moins les enfants plus jeunes, gardait les vaches, ou s'employait à ouvrir et à fermer les barrières au passage des wagons de houille qui circulaient, traînés par des chevaux, dans des ornières de bois, en attendant les rails de fer et l'attelage à vapeur qu'il devait leur donner plus tard.

Il récoltait de cette façon quelques menus profits, quelques *pence*[1], et commençait à apporter son modeste écot à la famille. Mais cela ne lui suffisait pas, et il avait son ambition déjà. Il aspirait à descendre dans la mine comme les grands, pour y gagner comme eux un salaire régulier.

---

1. Le *penny*, au pluriel *pence*, vaut un peu plus de 10 centimes. C'est le douzième du *shilling*, qui vaut 1 fr. 25.

II. — Le Petit Poucet descend dans la mine.

A dix ans, cette première ambition fut satisfaite. Il fut admis dans une des galeries et promu aux fonc-

L'ÉCURIE DANS LA MINE

tion de nettoyeur de charbon. La rétribution était de six *pence* par jour, un peu plus de soixante centimes; et il ne les volait pas. Il n'était pas grand cependant à cette époque, ce brave Petit Poucet; et l'on raconte qu'un des propriétaires étant descendu dans la mine, il se cacha tout effaré derrière les wagonnets de charbon, de peur qu'on ne le trouvât pas de taille à gagner sa vie, qu'il avait si bonne envie de gagner, et qu'on ne le renvoyât sur terre jouer avec les autres gamins de son âge.

Il paraît qu'il grandit depuis, et devint, grâce au travail et à la sobriété, un homme vigoureux et robuste.

Un peu plus tard, il fut chargé de faire marcher un cheval attelé à un manège souterrain (il y a des animaux au fond des mines, et parfois ils y passent toute leur vie).

Puis il devint le second de son père à la pompe ; et, après avoir appris de lui à la conduire, il en eut une à son tour à diriger. Il avait alors seize à dix-sept ans.

CHAPITRE .I

On sait qu'un bon ouvrier se reconnaît à l'état de ses outils. La clef qui sert est toujours claire, a dit le bonhomme Richard. La bêche d'un bon jardinier doit être luisante, et la cognée d'un bon bûcheron ne souffre ni rouille ni brèches. A la façon dont le jeune Georges faisait la toilette de sa machine, il était aisé de voir qu'il prenait sa tâche au sérieux. Et non seulement il savait la tenir extérieurement propre et brillante, mais il savait aussi en entretenir et au besoin en réparer le mécanisme intérieur. Il en avait étudié le fonctionnement et n'avait, en cas de dérangement, besoin de personne pour la remettre en état. Aussi sa capacité ne tarda-t-elle pas à être appréciée : et dès l'âge de dix-neuf ans il était appelé à un poste beaucoup plus important et plus sérieux, celui de garde-frein.

Je ne sais si, parmi mes jeunes lecteurs, il en est beaucoup (c'est peu probable) à qui il soit arrivé de descendre dans une mine. Ils n'ignorent pas, du moins, que la descente se fait, en général, au moyen d'un mécanisme analogue à celui de ces ascenseurs que tout le monde a pu voir fonctionner aux expositions et dans un certain nombre d'établissements industriels ou autres.

Le plus souvent, aujourd'hui du moins, dans les exploitations bien tenues, la plate-forme mobile, ou *benne*, sur laquelle se placent les hommes et les produits de l'extraction, est *guidée*, c'est-à-dire maintenue, comme les ascenseurs, non par des colonnes de fonte (on ne peut installer de colonnes de cette longueur), mais par des câbles en fer bien tendus qui l'empêchent de s'écarter à droite et à gauche, de se heurter contre les parois du puits, ou de basculer sur elle-même.

Il n'en est pas toujours ainsi cependant. Dans certaines ardoisières, que je ne veux pas désigner autrement, l'on se sert encore, à moins que ce ne soit changé depuis bien peu de temps, de grandes caisses grossièrement suspendues par des cordes en croix, à l'intersection desquelles on passe le crochet d'un câble enroulé sur un treuil. Le tout monte ou descend, en ballottant dans le vide, tantôt à ciel ouvert, et tantôt dans la large ouverture de la voûte. Parfois deux de ces appareils, marchant en sens inverse, se rencontrent, au risque d'une secousse plus ou moins violente ; parfois même le choc est tel, que l'une des cordes se rompt ou que le crochet s'échappe ; et le chargement retombe, avec ou sans son contenant, au fond de la mine. Il est, cela va sans dire, recommandé aux ouvriers de ne pas se tenir sous l'orifice pendant la manœuvre ; il leur est même interdit de se servir, pour leur compte, de ce dangereux mode de transport (on l'offre pourtant aux visiteurs, qui parfois l'acceptent). Des échelles de fer, d'une perpendicularité à peu près absolue, et dont les échelons sont écartés de 33 centimètres, sont le chemin réglementaire. C'est celui que, pour ma part, en homme respectueux de la consigne, j'ai cru devoir suivre, quelque pénible qu'il soit, et j'ai bravement descendu et re-

BENNE GUIDÉE.

monté mes quatre cents échelons. Mais ces prescriptions ne sont pas toujours observées, et il en résulte de temps à autre des accidents graves.

Quoi qu'il en soit d'ailleurs, et que la bonne soit guidée ou non, que le treuil se manœuvre à bras ou qu'il se meuve à la vapeur, on n'est pas fâché, quand on a à faire ce voyage de haut en bas (voire même de bas en haut), de savoir que le fil auquel on est suspendu est en bon état et que la main qui le dirige est sûre. Un verre de vin de trop le matin, une distraction, un mouvement malheureux, et l'on peut faire un saut de deux ou trois cents mètres. Sans être pusillamine, il y a de quoi y regarder à deux fois.

C'est cette fonction, qui lui mettait tous les jours entre les mains l'existence de ses compagnons, qu'à dix-huit ou dix-neuf ans Georges Stephenson se voyait confier. Il avait eu, pour l'obtenir, à subir devant ses chefs un examen pratique de capacité. Il eut, pour l'occuper, à la conquérir, ou du moins à la conserver non pas précisément à la pointe de l'épée (ce n'était pas l'arme des mineurs), mais à la force du poignet.

Ce qui semble prouver qu'il est bon quelquefois d'avoir du poignet, sinon de la poigne.

II. — Sa bataille avec l'ogre.

Il y avait alors sur la mine un grand diable nommé Ned Nelson, sorte d'Hercule qui, parce qu'il cognait dur et buvait sec, s'était imaginé que tout devait plier devant lui. Ce Nelson trouva humiliant de se voir préférer un blanc-bec de dix-neuf ans qu'on n'avait jamais vu au cabaret, et qui, par conséquent, ne pouvait être qu'une poule mouillée.

RENCONTRE DE RENNES.

ÉCHELLES FIXES.

Stephenson, en effet, avait horreur de la boisson ; cette horreur était telle, que plus tard, après l'un de ses premiers succès comme mécanicien, un de ses chefs ayant voulu lui faire une politesse en lui offrant un verre de whisky, il le pria de lui permettre de refuser.

« Excusez-moi, lui dit-il, mais j'ai résolu de ne jamais boire. »

Il était en même temps le plus doux et le plus inoffensif des hommes, et jamais on ne l'avait vu chercher querelle à personne. Mais il n'en était pas moins brave pour cela. Il était, pour tout dire, de la pâte de ce bon quaker (on sait que les quakers sont les hommes de paix par excellence) qui disait un jour à un camarade hargneux : « Mon bon ami, faites donc attention, je vous prie ; si vous continuez, vous allez finir par rencontrer mon poing : ce ne sera pas ma faute si vous le trouvez dur. » Il n'attaquait pas, mais il ne se croyait pas tenu de ne pas se défendre.

Nelson probablement ne connaissait pas l'anecdote : il alla se heurter au poing de son petit camarade, et ce fut, cette fois encore, le géant Goliath qui fut terrassé par le jeune David.

Hâtons-nous de dire qu'il n'en mourut pas. Notre David, meilleur enfant que l'autre, lui tendit la main dès qu'il le vit par terre ; et l'Hercule, qui n'était pas méchant au fond, ne lui garda pas rancune. Il devint même un de ses plus chauds admirateurs.

CHAPITRE III

1. — Le Petit Poucet, devenu grand, veut apprendre à lire.

Un autre événement, plus important et plus fécond
en conséquences, avait précédé celui-là : le jeune ouvrier était sorti de la région des ténèbres extérieures,
dans lesquelles jusqu'alors il était demeuré plongé, et
avait commencé à mettre le pied dans la région de la
lumière. Pour parler sans métaphores, il avait appris
à lire.

A dix-sept ans, on l'a vu, il ne connaissait pas ses
lettres, et il n'y a pas à s'en étonner. Ce n'est pas en
criblant le charbon à quatre cents pieds sous terre,
ou en manœuvrant la pompe douze heures par jour,
qu'il était facile d'aller à l'école. Il n'y avait pas beaucoup d'écoles, d'ailleurs, en ce temps-là, même en
Angleterre; et les enfants pauvres n'avaient pas à leur
disposition, comme ceux d'aujourd'hui, ces ressources
de toute sorte entre lesquelles il n'y a, pour ainsi dire,
que l'embarras du choix. On pourra bientôt dire, si cela
continue, qu'il n'y aura plus d'ignorants que ceux qui
auront absolument tenu à l'être. C'était presque le
contraire il y a un siècle. L'ignorance, l'ignorance
absolue, était le lot habituel des hommes de labeur;
et ce grand garçon qui ne savait rien en savait tout
juste autant que les autres.

Pendant sa première jeunesse, il ne s'en était pas

autrement préoccupé peut-être; mais maintenant un
monde nouveau s'ouvrait devant lui, et pour y pénétrer
il lui fallait en apprendre la langue. Des machines,

STATUE DE JAMES WATT.

dont on disait des merveilles, commençaient à étonner
l'Europe et bientôt allaient la transformer. C'était le
temps où James Watt (un autre ouvrier devenu un grand
savant, lui aussi) arrivait, après de longues épreuves,

à réaliser industriellement ses admirables inventions, et, grâce à l'intelligent concours de Boulton, donnait à l'Angleterre la véritable force, la force bienfaisante qui produit et qui soulage[1].

II. — La vapeur et les inventions nouvelles.

On raconte à ce propos qu'un jour le régent d'Angleterre, depuis Georges IV, venant à passer dans le voisinage de l'usine de Soho, où Watt et Boulton avaient installé leur fabrique, fut attiré, comme jadis don Quichotte dans l'antre des forgerons, par le bruit et la fumée, et demanda ce que diable on faisait dans cette infernale maison. « Monseigneur, lui répondit Boulton, ce que les princes aiment le plus : de la puissance[2]. »

Et il avait raison, ce Boulton; car cette puissance nouvelle de la vapeur, transformant la mécanique, allait créer la puissance industrielle, et par suite la richesse, et par suite la force de l'Angleterre[3].

Et c'est cette force qui devait avec le temps triompher de celle des canons et des baïonnettes, et mettre à bas, à la fin, le génie extraordinaire (comme homme de guerre, au moins, il l'était) qui conduisait alors les bataillons de la France à la victoire, en attendant qu'il les conduisît à la défaite, puisque, hélas! c'est la lo..

« Qui frappe de l'épée périra par l'épée. »

---

1. Voir, à l'appendice, la notice *A* sur J. Watt.
2. Le mot anglais *power* signifie à la fois force et puissance.
3. Voir la note *B*, à l'appendice.

III. — Comment on s'y prend pour s'instruire. — Comme quoi
il n'y a pas de sot métier.

Stephenson, dans la tête duquel fermentait le génie
de la mécanique, ne pouvait entendre parler de ces
inventions merveilleuses sans vouloir les connaître.

Mais pour les connaître il fallait étudier.

Or comment y parvenir? Comment faire son éducation quand on passe ses journées entières au travail
et qu'on manque de tout?

Comme on fait quand on veut, mes chers amis, quand
on veut absolument : en faisant ce que les autres ne
savent pas faire.

Comme a fait Jameray Duval, le pauvre petit pâtre
devenu bibliothécaire de l'empereur d'Autriche [1]; et
Lincoln, le fendeur d'échalas devenu président de
la république des États-Unis [2]; et Burritt, son compatriote, le savant forgeron, *the learned blacksmith*,
qui apprit le latin, puis le grec, puis l'hébreu, pendant
que son fer chauffait, parla et écrivit la plupart des
langues vivantes, et fut à la fois un grand érudit, un
ouvrier modèle et l'un des plus infatigables apôtres de
la justice et de la fraternité humaine [3]; et tant d'autres

1. Voir *Histoire de trois enfants pauvres*, par Ed. Charton.
2. Voir Jouault, *Abraham Lincoln*.
3. L'auteur de ce petit volume a eu l'honneur d'être en correspondance avec Elihu Burritt, et s'est rencontré, en mai 1870, avec lui à
Londres, à l'assemblée générale annuelle de la Société de la paix de
cette ville (*Peace society*). C'était alors un homme de soixante à
soixante-cinq ans, d'apparence frêle et fatiguée, et dont l'extérieur
annonçait plutôt un savant et un penseur qu'un homme d'action. Il
pouvait dire cependant, sans être démenti par personne, « qu'aucun
homme peut-être, dans l'ancien monde ni dans le nouveau, n'avait
travaillé de ses mains plus dur que lui ».

dont les obscurs efforts échappent aux regards de la foule.

Il y avait des heures pour les repas, et d'autres moments où la machine, tout en tenant son conducteur à son poste, lui laissait quelque liberté. Le jeune mécanicien employa ces moments à s'instruire. Il épelait, il traçait des caractères, il essayait de résoudre des problèmes ; puis, ses douze heures de travail terminées, il allait veiller chez l'instituteur ; après quoi il veillait encore dans sa chambre.

Ayant un jour raccommodé ses chaussures par économie, il avait réfléchi que ses camarades, eux aussi, n'avaient pas toujours les leurs en bon état ; et il s'était dit en anglais ce que nous disons, nous, en français depuis bien longtemps : qu'il n'y a pas de sot métier.

En foi de quoi il s'était fait raccommodeur de vieux souliers.

Il passait à ce travail une partie des nuits, et il gagnait ainsi de quoi payer ses leçons, tout en se les répétant à lui-même.

Quand on s'y prend de cette façon, on n'est pas ongtemps à apprendre tout ce que sait le maître auquel on s'adresse, et quelquefois plus que n'en sait le maître : c'est ce qui arriva. En peu de mois l'écolier avait épuisé la science de son premier instituteur, et il pouvait chercher ailleurs, par lui-même ou par la conversation des gens instruits qu'il rencontrait, d'autres connaissances.

CHAPITRE IV

Ce ne fut pas tout. Le bien, comme le mal, est contagieux, et l'épargne de sa nature foisonne. On sème un grain de blé, et il pousse un épi. On sème un sou, et au bout de quelque temps on est tout étonné de trouver qu'il a poussé un franc. C'est pour cela qu'il y a des caisses d'épargne; et c'est pour cela que l'on fait bien dans nos écoles, où se donne non seulement l'instruction intellectuelle, mais aussi l'éducation morale, d'encourager l'épargne dès l'enfance. Ce petit sou que l'enfant apprend à mettre de côté, il est pour lui le noyau de tous les trésors de l'avenir; il est davantage encore, il est l'exemple, l'émulation, le germe de l'émulation saine et salutaire de l'épargne dans la famille tout entière. De même que, dans les cours d'adultes, — ceux qui s'en occupent le savent bien, — on a souvent la bonne fortune de voir l'enfant amener aux leçons le père et quelquefois le grand-père à cheveux blancs; de même cette petite économie de l'enfant, cette modeste tirelire, cette humble caisse d'épargne scolaire, devient parfois l'hameçon avec lequel le père et le grand-père sont pêchés à leur tour à la prévoyance, quelquefois même (tant les petites mains ont de force et les petites choses de puissance !) détournés des mauvais chemins et arrachés aux mauvaises connaissances, comme aux mauvaises dépenses qu'elles font faire.

Car l'argent, avec tous ses mérites, n'est que le moindre des biens ; et les qualités, qui s'amassent de même, et qui bien davantage foisonnent, sont d'une bien autre utilité.

Un jour donc Stephenson, comptant dans sa main ce qu'il avait épargné, s'aperçut qu'il y avait une guinée, une guinée tout entière, vingt-cinq à vingt-six francs ! « A présent, me voilà riche, » dit-il.

Pas bien riche ; mais il était, tout au moins, sur le chemin de la richesse. Il est vrai que sur ce chemin il devait encore rencontrer bien des pierres, et parfois de grosses pierres.

Le raccommodage des souliers lui procura un autre trésor, le plus précieux qu'il puisse arriver à un honnête homme de posséder : une bonne femme. L'histoire est curieuse, et vaut la peine d'être racontée avec quelque détail.

CHAPITRE V

Un jour donc, une jeune fille vint le trouver, une paire de vieux souliers à la main. Rien de plus naturel, puisqu'il était le meilleur savetier de l'endroit.

Cette jeune fille, nommée Fanny Henderson, était servante dans une ferme du voisinage, où Stephenson avait pris ses repas. Il avait eu l'occasion de causer avec elle et avait pu remarquer qu'elle était d'un extérieur agréable, et, ce qui valait mieux, qu'elle avait un cœur d'or, de l'activité, du bon sens et un charmant caractère. Bref, il ne lui était pas désagréable d'être jugé digne de raccommoder les souliers de cette brave fille, et il fit sa besogne en conscience, ou, pour parler comme les gens qui aiment leur métier, avec amour.

On prétend même que, l'ayant terminée le samedi, au lieu d'aller immédiatement, comme il l'aurait dû peut-être, reporter son ouvrage chez la pratique, il le garda jusqu'au lundi. Le dimanche, étant libre de son temps, il avait l'habitude de se promener dans la campagne : il n'y manqua pas, et ceux qui le virent passer ce jour-là observèrent qu'il avait quelque chose d'assez volumineux sous son bourgeron, que de temps en temps il en tirait à demi pour le contempler. C'était la pantoufle de Cendrillon : une grosse pantoufle, avec des clous et des pièces, mais elle n'en avait pas moins de charmes à ses yeux.

La conclusion fut la même, avec cette différence que Stephenson n'était pas prince. Mais Fanny n'avait pas d'ambition, et « son homme », tout compensé, valait peut-être bien le prince de Cendrillon.

A quelque temps de là, Stephenson, qui n'avait que vingt et un ans (c'était en 1802), mais à qui l'on venait de proposer un engagement assez avantageux dans une autre localité, à Willmington, crut sa situation assez assurée pour écouter son cœur; et, le 2 novembre, il épousa celle qui avait su mériter son affection.

La noce fut simple, mais originale, et l'on en ferait aisément une idylle rustique. Le jeune mineur et sa jeune femme, après avoir reçu, dans la modeste chapelle du village qu'ils quittaient, la bénédiction du pasteur du lieu, montèrent, lui devant et elle derrière, sur un gros cheval de ferme, qu'ils s'étaient procuré pour la circonstance, et, accompagnés, pour tout cortège, du garçon d'honneur et de la fille d'honneur, perchés de même sur un autre cheval, ils se mirent en route vers leur destination.

On s'en alla ainsi, faisant un détour, prendre au passage une seconde bénédiction, celle du vieux Bob, qui n'avait pu venir à la cérémonie; le bonhomme commençait à devenir infirme, et l'on était trop pauvre encore pour se payer le luxe d'une réunion de famille.

Puis on traversa, au milieu des quolibets peut-être, la grande et populeuse ville de Newcastle, qui ne se doutait guère, assurément, en voyant passer cet ouvrier ainsi équipé, qu'elle montrerait un jour avec orgueil sa statue sur l'un de ses ponts. Et l'on arriva enfin, vers le soir, dans le petit logement, au premier étage d'une modeste maisonnette, que Georges avait préparé pour sa bien-aimée femme.

Là, on s'installe, et l'on est heureux, cela va sans dire. C'est la lune de miel, la douce lune de miel, *honey moon*, comme disent à l'envi notre bonne langue française et la langue de nos voisins les Anglais. Mais l'amour ne nuit pas au travail, au contraire. La femme est soigneuse, propre, attentive à tout; et le mari, sans renoncer à son métier de cordonnier en vieux, qui lui a valu son bonheur, en a bientôt un autre, qui n'y nuit pas : il répare les pendules et les horloges.

CHAPITRE VI

Il faut dire qu'il lui était arrivé un jour un accident, et c'est ce qui le servit. On dit vulgairement qu'à quelque chose malheur est bon ; cela dépend. Il y a des gens qui, à la moindre mésaventure, ne savent que lever les yeux au ciel et se tordre les mains en criant que tout est perdu ; à ceux-là rien ne profite, Mais il y en a d'autres (et c'est pour ceux-ci que le proverbe est fait) qui savent tirer parti de tout, même des désastres. Stephenson était de ces derniers.

Un commencement d'incendie éclata dans son domicile pendant son absence. Les voisins l'éteignirent un peu brutalement, et son petit mobilier en souffrit. Or parmi les objets endommagés figurait une horloge de bois, un modeste coucou, à laquelle on tenait fort. Elle avait souhaité la bienvenue au jeune couple quand il était entré dans la maisonnette ; et Stephenson, qui avait le cœur tendre, comme l'ont souvent ceux qui sont le plus durs à l'ouvrage, ne pouvait se résigner à ne plus entendre ce joyeux chant. Mais les horlogers ne travaillaient pas pour rien, et l'incendie n'avait pas enflé la bourse du ménage. Comment faire ?

« Bah ! se dit notre ami, quand on sait tailler le cuir et ajuster les pompes, ce serait bien le diable si l'on ne pouvait arriver à travailler le bois. Essayons. »

Il essaya donc et se mit à réparer l'horloge. Et qu'arriva-t-il ? C'est qu'elle n'avait jamais si bien marché ni si joliment sonné.

Il se dit alors qu'ayant si bien réussi pour lui-même, ce serait péché de priver les autres de ses talents ; et comme il s'était fait cordonnier, il se fit horloger. Ses camarades prirent l'habitude de lui apporter leurs grosses montres, comme ils lui apportaient leurs gros souliers ; et il put ajouter quelques *pence* de plus aux modestes économies du ménage.

CHAPITRE VII

Ce ne fut pas tout encore, et un troisième métier supplémentaire ne tarda pas à s'adjoindre aux deux premiers.

En allant un jour faire un tour sur le quai, Stephenson y avait rencontré un jeune ouvrier, presque un enfant, carrure solide, air franc, œil vif, qui, sans manquer à sa tâche régulière, s'en allait, quand il en avait le temps, aider au déchargement des bateaux qu'il fallait débarrasser de leur lest avant de les charger de houille. On avait fait connaissance, on s'était lié; et plus d'une fois, quand l'ouvrage ne pressait pas trop à la mine, on put voir ces deux robustes jeunes hommes porter sur leurs épaules les pierres qu'ils retiraient des embarcations. Le soir, on se retrouvait dans la demeure de Stephenson, et là, pendant que la houille brillait dans l'âtre, et que la jeune ménagère mettait tout en ordre autour d'elle, on causait sciences, mécanique, chimie, physique, que sais-je?

Et l'on n'en causait pas trop mal, ma foi!

Sait-on, en effet, ce que c'était que ce nouveau personnage, aux mains noires et calleuses?

C'était William Fairbairn, tout simplement; c'est-à-

dire l'homme qui, quelques années plus tard, devai
renouveler l'art des constructions industrielles et devenir le président de la Société des ingénieurs de la
Grande-Bretagne[1]. Ainsi ces deux hommes, deux des
plus grands noms de l'Angleterre contemporaine, ont
pendant quelque temps, côte à côte, déchargé les bateaux sur le quai, comme de simples portefaix qu'ils
étaient.

En ont-ils été moins grands ? Tout au contraire.

En souffraient-ils, eux qui sans doute avaient déjà
quelque conscience de leur valeur; et se sentaient-ils
humiliés d'avoir à porter sur leurs épaules ces lourdes
charges ? Pas davantage.

Ils faisaient leur devoir, et, en accomplissant cette
rude besogne, ils cherchaient le moyen d'élever leur
intelligence en même temps que d'améliorer leur situation matérielle.

Le travail qui humilie, c'est le travail que l'on fait à
contre-cœur, le travail que l'on subit comme un abais-
sement, comme une dégradation, comme un châtiment; celui-là, oui certes, il écrase comme le fardeau
sous lequel on plie et l'on s'affaisse. Mais le travail vo-
lontairement accepté, le travail fait avec énergie, avec
cœur, avec conscience; le travail qu'on ennoblit par
le but qu'on lui donne et par le sentiment qu'on y
met; le travail qui est la sauvegarde de l'indépendance

1. William Fairbairn était né le 19 février 1787, à Kelso. Il avait
par conséquent près de cinq ans et demi de moins que Stephenson.
Mais son enfance avait été moins négligée et il avait été déjà à même
d'acquérir de sérieuses connaissances techniques. Comme Stephenson,
et comme la plupart de ces hommes énergiques et supérieurs, Fairbairn était un ouvrier rangé. Il se maria jeune à une jeune fille digne
de lui, qu'il avait rencontrée à Bedlington pendant son tour d'Angleterre, miss Mary, et qui attendit cinq ans qu'il fût en état de s'établir.
Son fils, sir Andrew Fairbairn, est membre du Parlement.

et le marchepied de l'élévation méritée : ce travail-là n'abaisse ni n'accable; il semble plutôt, grâce à la salutaire influence du contentement qu'il porte avec lui, qu'il mette en fuite la fatigue elle-même, et qu'il ne fasse que fortifier et endurcir l'homme au physique aussi bien qu'au moral.

Un poète, dont les écrits, trop tôt interrompus par la mort, ne sont pas assez connus, a rendu cette vérité en beaux vers qui sont en même temps un encouragement aux petits et un appel aux grands. Ils ne seront pas déplacés ici.

Il faut qu'à tout labeur préside la pensée :
Fermier, sache pourquoi la glèbe ensemencée,
Lorsque l'heure est venue, a centuplé ton grain ;
Étudie, ouvrier, les forces qui régissent
La machine aux cent bras dont les muscles pétrissent
Sur l'enclume sonore un dur lingot d'airain.

Quand un labeur sans trêve abat le corps et l'âme
Du pauvre travailleur, qui vainement réclame,
S'il n'a pas la pensée, il reniera les cieux.
Restera-t-elle en lui comme une aile fermée ?
Frères, que notre amour soit la brise embaumée
Qui rouvre aux saints désirs son esprit soucieux.

Faisons que du Grand Être il se sente l'ouvrage ;
Qu'il soit fier de servir, intelligent rouage,
À l'accomplissement des desseins éternels :
Du travail le Seigneur donne aux hommes l'exemple ;
Dans l'œuvre des six jours il s'est construit un temple,
C'est notre tâche à nous d'en parer les autels.

Ah ! quand cette pensée, illuminant les masses,
De l'ignorance antique aura brisé les glaces,

Et réjoui les fronts d'ombre aujourd'hui couverts,
Il n'est point d'artisan d'une tâche si rude
Qui ne bénisse alors sa noble servitude,
La seule qu   sourie au Dieu de l'univers[1].

Stephenson et Fairbairn bénissaient la leur, toute
rude qu'elle était ; et ils n'avaient pas tort

1. Jouffroy, *la Mort de Channing.*

CHAPITRE VIII

I. — Joie et douleur. — Naissance et mort.

Hélas! cette existence si douce et si remplie ne devait guère durer. Un an s'était à peine écoulé, et le gai foyer du mineur était pour jamais assombri.

Un fils lui était né, mais il avait perdu sa femme, sa chère Fanny; et il restait, avec sa douleur, chargé d'un petit enfant qui devait être, lui aussi, et grâce à lui, un homme supérieur, le grand ingénieur Robert Stephenson, celui qui a construit ces gigantesques ponts tubulaires qui ont fait l'admiration des premiers qui les ont vus et qui excitent encore aujourd'hui notre étonnement[1].

II. — Éducation du petit Robert. — A quoi peut servir un âne.

Fort contre la douleur, comme il avait été fort contre la pauvreté, le jeune veuf se consacra tout entier à cet enfant qui était tout ce qui lui restait de celle qui avait eu toutes ses affections. Sentant bien ce qui lui avait manqué, à lui, à ses débuts, et tenant à ne pas le laisser se heurter aux obstacles contre lesquels il avait eu d'abord et avait encore à lutter, il résolut

1. Voir, à l'appendice, la note *C.*

avant tout de ne rien négliger pour lui donner, dès ses jeunes années, les meilleures leçons; mais en même temps il ne pouvait se résigner à s'en séparer. Comment faire pour concilier ces deux exigences? Car ce n'était pas à Killingworth que pouvaient se trouver les maîtres qu'il voulait pour son fils.

En homme pratique, le bon père tourna la difficulté en achetant un âne.

Non qu'il songeât précisément à confier à cet honnête animal l'éducation de son fils. Il y a, dit-on, des maîtres qui sont des ânes; mais la réciproque n'est pas également vraie. Il s'agissait tout simplement de porter l'enfant à la ville où se trouvaient les maîtres, à Newcastle.

Ce qui prouve, soit dit en passant, que les ânes mêmes peuvent contribuer à notre instruction; il ne s'agit que de savoir s'en servir.

L'enfant, chaque matin, était juché sur sa bête, avec des provisions pour le corps, d'un côté, et des provisions pour l'esprit, de l'autre. Il passait à l'école sa journée; et le soir il rapportait ses cahiers au père, qui les revoyait avec lui.

Devenu plus grand, et en attendant le moment d'aller jusqu'à Glasgow faire des études supérieures, il allait dans les bibliothèques, dans les collections, dans les musées, copiait des plans et des dessins, analysait les grands ouvrages de mécanique, et rapportait encore ses travaux à son père, dont à son tour il devenait l'instituteur.

C'est ainsi que se formèrent, l'un par l'autre, ces deux hommes éminents. Et c'est pourquoi plus tard, quand on couronna, comme je le dirai tout à l'heure, la première locomotive vraiment digne de ce nom qui prit enfin possession des chemins de fer, on put, en proclamant le triomphe de la *Fusée*, déclarer qu'elle était l'œuvre des *deux ingénieurs Georges et Robert Stephenson*. Mais nous sommes loin encore de ces triomphes.

CHAPITRE IX

L'aisance, une aisance modeste, commençait à entrer dans cette existence laborieuse, lorsque tout à
coup de nouveaux malheurs vinrent fondre sur elle.

Stephenson, reconnu déjà pour un ouvrier intelligent et adroit, avait été envoyé en Écosse pour réparer une machine; il lui était alloué pour ce travail une
somme assez ronde, trente livres sterling, sept à huit
cents francs. Il y avait certes de quoi prendre les
voitures publiques; mais l'excellent homme destinait à
l'instruction de son fils Robert tout ce qu'il gagnait,
et, pour n'en rien distraire, il alla à pied et revint de
même. Il crut toutefois, en revenant, pouvoir se détourner pour embrasser son vieux père, qu'il n'avait pas
vu depuis longtemps, depuis son mariage peut-être.

Non qu'il en fût bien éloigné; mais on n'avait en
ce temps ni les chemins de fer, ni les télégraphes, ni
la correspondance fréquente et à bas prix; on était
voisins, et on ne pouvait ni se voir, ni même avoir aisément des nouvelles les uns des autres[1].

Quand Stephenson arriva, tout heureux de dire au
bon vieillard que ses petites affaires n'allaient pas trop
mal, il apprit que le bonhomme, atteint par un jet de
vapeur et devenu aveugle, était tombé dans la misère.

1. Voir, à l'appendice, la note *D*.

Ses frères, pauvres eux-mêmes, n'avaient pu prendre de nouvelles charges; et le malheureux Bob, forcé de contracter des dettes, et ne sachant comment les payer, était abîmé dans la douleur, appelant son Georges, qui ne venait pas.

Georges n'hésita pas : il sacrifia l'argent destiné à l'éducation de son fils, solda les créanciers de son père, puis le prit avec lui, et l'installa convenablement près de sa demeure. Il eut le bonheur de l'y garder assez longtemps pour commencer à le faire jouir de sa gloire naissante.

CHAPITRE X

C'était bien ; mais, pour remplir ce devoir, il avait fallu vider sa bourse, et à ce moment même une autre catastrophe fondait sur lui. C'était le temps où nos pères, et les pères de nos amis d'aujourd'hui, les Anglais, étaient engagés dans une lutte implacable. L'Angleterre, menacée dans son existence, faisait des efforts désespérés. Chaque jour on levait des soldats et chaque jour on levait des impôts. Car il n'y a rien, mes chers amis, qui coûte plus cher que de tuer et de se faire tuer. Le maréchal de Saxe disait, en son temps, que pour tuer un homme il y fallait employer son poids de plomb. De nos jours, et avec nos machines de guerre perfectionnées, il dirait son poids d'or. Sep cent mille hommes étaient sous les armes, et les taxes, de plus en plus lourdes, pesaient sur tout, jusque sur les tuiles et les briques des chaumières. Si bien, ou plutôt si mal, qu'à cette heure encore, dit-on, dans plus d'un district, il est aisé de retrouver dans la misérable installation des demeures, comme dans la triste mine de leurs habitants, la trace de ces exigences qui amoindrissaient la vie.

Quant au recrutement, la rigueur en devint telle que Stephenson à son tour se vit appelé. Il était veuf, et il était le seul soutien d'un vieux père aveugle et d'un enfant qui n'avait pas six ans. N'importe, l'ogre de la guerre ne s'arrête pas devant ces considérations. Il lui fallait un homme à dévorer, et la seule alternative qu'on laissât au malheureux Stephenson, c'était d'aller se faire casser les os en personne, pour la plus grande gloire de M. Pitt ou de l'empereur Napoléon, ou de se les faire casser par procuration en fournissant, moyennant finance, quelque pauvre diable, réduit à se faire tuer pour vivre, qui consentît à partir à sa place.

Ce fut, quelque dur qu'il lui parût, ce dernier parti auquel il se résigna. Mais tout ce qui lui restait y passa, et au delà; et à son tour il se trouva dans la misère.

Que devint son remplaçant, et que valait cette existence ignorée? Qui peut le dire? Mais comment ne pas rester songeur quand on sait ce que valait la vie, alors tout aussi obscure et aussi ignorée, qui était conservée à ce prix? Et si, faute de ce douloureux expédient, le futur grand homme était parti lui-même, à quelle époque, et grâce à qui aurions-nous eu les chemins de fer? Nous les aurions eus sans doute (car tout ce qui doit se faire se fait, un jour ou un autre); mais à quel prix et avec quel retard?

CHAPITRE XI

Le coup cette fois était tel que Stephenson songea à s'expatrier; il voulait aller chercher par delà les mers, jusqu'en Amérique, une terre où les hommes n'eussent pas la sotte habitude de s'entr'égorger. Les choses ont bien changé depuis; les gens du nouveau monde, comme les gens de l'ancien, se sont fait la guerre, et ils l'ont faite en grand. Près d'un million de victimes, et trente à quarante milliards, pour donner la liberté à quatre millions d'esclaves dont il eût été facile de payer la rançon pour quatre ou cinq milliards sans verser une goutte de sang; c'est un assez joli prix! Mais alors on ne connaissait pas ces procédés violents, et les États-Unis avaient le privilège de vivre en paix depuis leur constitution en république.

Ce qui empêcha Stephenson de donner suite à son projet, ce fut l'impossibilité de payer le voyage ou de trouver à en emprunter le prix.

Toutefois il était de ceux qui savent, sans avoir eu besoin de l'apprendre à l'école de Franklin, que « le travail paye les dettes », et que « le désespoir les augmente ». Il ne se désespéra donc pas longtemps, et peu à peu grâce à un redoublement d'énergie, il commença à sortir de l'abîme de douleur et de misère dans lequel il avait été sur le point de sombrer. Jusqu'à ce qu'enfin, par un de ces hasards qui n'arrivent qu'à ceux qui en sont dignes, une aventure, qu'il importe de faire connaître avec quelque soin, vint le remettre décidément à flot. C'était vers 1811.

CHAPITRE XII

Il y avait dans la mine où il était alors empl oyé, à Killingworth, un puits d'extraction nouveau et plus pro-
fond que les autres, le grand puits ou *high pit*, dans
lequel on avait installé une machine d'épuisement
perfectionnée, et qui devait faire merveille. Cette machine ne fit pas merveille du tout, car elle ne marcha
même pas. On fit appel d'abord aux constructeurs qui
l'avaient fournie, puis aux ingénieurs des environs. Ce
fut peine perdue, et, après beaucoup d'argent et de
temps dépensés, on se vit réduit à y renoncer, et l'on
prit le parti de la passer par profits et pertes en s'effor-
çant de n'y plus songer. Il y avait quelqu'un cependant
qui y songeait (inutile de dire qui), et qui ne cessait
de tourner autour. Il y tourna si bien qu'un samedi
soir, — il y avait un an que la machine était au rebut, —
un camarade l'entendit murmurer entre ses dents :
» Oh! je vois maintenant ce qu'il y aurait à faire. »
Le camarade naturellement rit de cette présomption.
Songez donc, ce brave rGeoges en remontrer à tous ces
grands messieurs de là-bas ; cela devait paraître drôle,
en effet. Il en plaisanta avec d'autres, et la chose vint
aux oreilles du direteur, qui heureusement ne rit
pas, lui, mais s'en vint dès le lendemain (c'était un

dimanche) trouver Stephenson, et lui demanda s'il était vrai qu'il pût mettre en état la machine.

« Oui, monsieur, répondit celui-ci, je le crois.

— Eh bien, vous vous mettrez à l'œuvre demain, » reprit le directeur.

Aussitôt dit, aussitôt conclu; à une condition toutefois, à laquelle notre héros tint absolument : c'était que ni les mécaniciens et les ingénieurs qui y avaient mis la main avant lui, ni aucun ouvrier, en dehors de ceux qu'il aurait choisis lui-même, n'approcheraient de son travail.

Pourquoi? Il ne le disait pas, mais on le devine sans peine.

C'est que tant vaut l'homme, tant vaut l'ouvrage; et qu'il y a des ouvriers auxquels il ne fait pas bon d'y laisser toucher. Il y a les jaloux, les entêtés, les présomptueux, les indisciplinés, qui se croient plus habiles que ceux qui les commandent; qui ne comprennent pas qu'il doit y avoir une consigne dans un atelier comme dans une armée; et qui par imprudence, par maladresse, par légèreté, par méchanceté quelquefois, compromettent le succès d'une opération, l'honneur des chefs qui la dirigent, ou la vie des ouvriers qui y travaillent. Stephenson voulait bien être caporal, mais il entendait être sûr de ses hommes.

La condition fut acceptée, et l'affaire ne fut pas longue. On se mit à l'œuvre le lundi; dès le jeudi la pompe commença à fonctionner, et le vendredi soir le puits était à sec et on y descendait.

Le jour même, l'heureux Georges recevait une gratification de dix guinées, et bientôt il était nommé mécanicien de la mine avec une augmentation notable de salaire.

C'est à cette occasion que le chef des travaux mit,

sans mauvaise intention, sa sobriété à l'épreuve en lui offrant un verre de whisky.

Les camarades de leur côté lui donnèrent le surnom de « médecin des machines » ; et, en cette qualité de médecin, quand une machine était malade, on le priait de lui donner ses soins. Il ne faisait pas payer ses consultations très cher; il n'était pas encore un bien gros personnage, et il n'avait pas pris ses grades selon toutes les règles : il les faisait payer pourtant, et on les payait volontiers, car elles étaient bonnes, et peu à peu ses honoraires amélioraient sa situation.

Il en profita pour faire, sans abandonner son métier, de nouvelles études et de nouvelles expériences; et bientôt il s'attacha avec sa persévérance habituelle à la solution de deux grands problèmes qu'il devait avoir le bonheur de résoudre tous les deux. L'un, c'est la locomotion à vapeur, qui a fait sa gloire ; l'autre, moins considérable sans doute, mais de grande importance aussi cependant, c'est l'invention de la lampe de sûreté, dont on ne sait pas assez qu'il doit partager l'honneur avec l'un des plus grands savants du commencement de ce siècle, le célèbre chimiste Humphrey Davy.

Un mot d'abord de cette lampe.

CHAPITRE XIII

I. — Le grisou.

Personne n'ignore que les mines de houille. certaines d'entre elles surtout, émettent en quantité parfois énorme un gaz, appelé *grisou* par les mineurs, qui non seulement n'est pas respirable, et par conséquent peut asphyxier les ouvriers exposés à son dégagement, mais qui de plus forme avec l'air, quand il s'y trouve répandu en proportion suffisante, un mélange d'une grande force explosive. Ce n'est guère à vrai dire que ce qui arrive quand on a une fuite de gaz et qu'on en approche imprudemment de la lumière. Le gaz d'éclairage, qui se tire de la houille, a pour base l'hydrogène, substance éminemment inflammable ; et l'air contient de l'oxygène dont la combinaison avec l'hydrogène produit de l'eau. Or cette combinaison, dont le résultat est une réduction de volume considérable, et par conséquent un violent ébranlement du milieu, s'opère au contact de la moindre flamme. De là le nom de *mélange détonant* donné par les chimistes au mélange de ces deux gaz. Il est impossible de travailler sous terre sans lumière ; et jusqu'à Davy et Stephenson on ne connaissait d'autre moyen de s'éclairer que des lampes ouvertes, dont la flamme, en contact direct avec l'atmosphère, allumait fatalement le grisou chaque fois qu'elle le rencontrait.

On était donc constamment en face d'un danger contre
lequel on n'avait aucun préservatif sérieux. La ventilation seule, presque toujours insuffisante, pouvait,
dans une certaine mais bien faible mesure, diminuer
ce danger. Aussi les accidents étaient-ils fréquents, et
les mines de Newcastle, très chargées de grisou, étaient
parmi les plus éprouvées. Vers 1812. des désastres

sans précédents vinrent coup sur coup jeter la déso-
lation dans le pays. Le nombre des victimes avait,
dans quelques-unes de ces catastrophes, atteint ou
dépassé une centaine. L'opinion publique s'en émut,
les savants se mirent à l'œuvre, des enquêtes furent
ouvertes ; et c'est à la suite de ces études que, quelques années plus tard, en 1816, Humphrey Davy, à
qui elles avaient été spécialement confiées, fit connaître sa belle *lampe de sûreté*.

Davy, en accomplissant ses travaux, se croyait seul à l'œuvre. Il se trompait. En même temps que lui, plus obscurément, mais non moins utilement, un inconnu poursuivait les mêmes recherches ; et cet inconnu, c'était Stephenson. Plus à l'aise maintenant, et en état de se procurer quelques appareils, il avait installé chez lui un petit laboratoire dans lequel, à ses heures de loisir, il se livrait à des expériences.

Il y faisait aussi, paraît-il, quelques leçons à ses voisins ou amis, et cherchait à leur donner, en les intéressant, une idée de la constitution de la terre, de l'air ou de l'eau. On l'écoutait, en général, comme un oracle. Un jour pourtant, ayant parlé à ses rustiques auditeurs de la rotondité de la terre, il fut accueilli par un éclat de rire des plus irrespectueux. Ne nous en étonnons pas trop. Quinze siècles plus tôt, les hommes les plus éminents, un Lactance, un saint Augustin, n'étaient pas, sur ce point, plus avancés. L'hypothèse des antipodes leur paraissait, à eux aussi, une impiété et une absurdité manifeste. Car comment, disaient-ils, des hommes qui auraient eu la tête en bas auraient-ils pu ne pas tomber ? On a fait le tour du monde, et Newton a enseigné la gravitation. Et celui dont on rirait maintenant, ce serait celui qui se figurerait la terre plate, ou ne saurait pas que la pesanteur nous retient à la surface du sol et que le mouvement du soleil autour de notre globe n'est qu'une apparence. C'est ainsi qu'à toute époque ceux qui savent ont à compter avec l'ignorance de ceux qui ne savent pas ; et c'est ainsi, d'autre part, que, de proche en proche, la lumière faite par les savants se répand sur les ignorants. Plus d'une fois, dans le cours de sa laborieuse existence, Stephenson eut à lutter contre la routine et contre l'obstination ; et lui-même, avant d'avoir appris

L'ACCIDENT. — LE COUP DE MINE.

à mieux connaître les lois de la nature, il avait, malgré son bon sens et son esprit éminemment pratique, poursuivi pendant quelque temps le rêve de ceux qui ne peuvent se résigner à admettre qu'il n'y a pas d'effet sans cause, la chimère du mouvement perpétuel.

II — Le feu dans la mine. — Ce que peut le bon exemple.

Un jour qu'il était enfermé dans son laboratoire, une détonation bruyante se produisit; tous ses ustensiles furent brisés, le plafond fut soulevé, et quant à lui, il ne sut guère comment il avait été épargné. Avec sa sérénité habituelle, il répara le dégât, et se remit au travail. A quelque temps de là, c'était dans la mine même que le mal éclatait, et l'on venait en toute hâte le prévenir que l'un des puits était en flammes.

Sans hésiter un instant, il court sur le lieu du sinistre, et, après s'être assuré qu'un autre puits, réuni à celui-là par les galeries souterraines, n'est pas atteint, il se fait, malgré toutes les représentations, descendre au fond de la mine. Là il trouve, comme il l'avait espéré, la majeure partie des hommes encore en vie, mais consternés et ne sachant à quel saint se vouer. Lui, en possession de tout son sang-froid, leur demande tranquillement s'ils ont l'intention de se laisser brûler vifs comme leurs camarades, ou s'ils préfèrent arrêter le feu et sortir de là. La réponse ne pouvait être douteuse. « Eh bien, camarades, dit-il, qu'il y ait parmi vous seulement six hommes de cœur capables de m'écouter et de m'obéir, et je réponds de tout. »

Naturellement tout le monde se présenta; c'est toujours la même histoire. Quand on demande des gens de bonne volonté, même pour se faire tuer, tout le

EXPLOSION DE FEU GRISOU.

monde veut en être. A plus forte raison quand il s'agit de ne pas se laisser tuer.

L'instant d'auparavant tous ces malheureux étaient affolés ; maintenant un homme de sang-froid a paru, et l'on ne songe plus qu'à faire ce qu'il y a à faire pour parer au danger. Faisons ici, avec la permission du lecteur, un petit bout de morale en passant (ce ne sera pas du temps perdu) et considérons la puissance d'un bon exemple ou d'une bonne parole.

Il y a d'autres incendies, malheureusement, et d'autres explosions, que ceux de la houille. Les hommes (et les femmes aussi, sans en médire) se montent parfois comme des soupes au lait ; et Dieu sait alors jusqu'à quels débordements ils peuvent aller. Il suffit pour faire tomber le lait qui déborde d'y plonger une cuiller froide ; il ne faut de même, bien souvent, qu'un mot de sang-froid pour faire tomber ces bouillonnements de colères et de violences, et prévenir des désastres pires cent fois que ceux du grisou.

Et pourquoi produit-il tant de désastres, ce grisou (je reviens pour le moment à celui de la houille) ? Parce qu'il a été accumulé imprudemment au fond de galeries mal ventilées. Parce que, faute de surveillance et d'attention, on en a mal à propos approché la flamme.

Qu'au lieu de l'abandonner à lui-même, on le recueille, comme on le fait dans nos usines à gaz, avec toutes les précautions que commande la prudence ; et alors, au lieu de donner la mort, il donnera la vie. Alors de ces pierres noires, échauffées à propos ou à propos enflammées, on tirera la chaleur, la lumière, la force, la gaieté des foyers, la sécurité des voies publiques, le mouvement des usines. Mais les sociétés ont leurs couches noires, elles aussi, dans lesquelles couvent et éclatent parfois en déchirements irrésistibles des forces d'une bien autre violence que celle de tous les gaz. Qu'on laisse ces forces à elles-mêmes, comprimées par l'ignorance et envenimées par la misère, et il suffira d'une étincelle pour tout faire sauter. Qu'on y ouvre, au contraire, des galeries de ventilation ; qu'on y fasse pénétrer l'air pur et vivifiant de la science ; qu'on y apporte, par les écoles, par les cours, par les conférences, la lumière qui éclaire, au lieu de la torche qui incendie ; qu'on y apporte surtout la chaleur communicative de la fraternité vraie et le vivifiant, le fortifiant enseignement de l'exemple ; que l'on donne à ces déshérités leur part dans le grand et magnifique héritage des siècles ; qu'on leur apprenne, en les respectant et en les aimant, à se respecter et à respecter les autres, à s'aimer et à aimer : et l'on sera tout surpris de voir avec quelle rapidité le mal peut se changer en bien, et les ténèbres en clartés. Et l'on sera émerveillé, délicieusement émerveillé, de ce que renferme de trésors dans ses entrailles cette société si souvent agitée encore par les convulsions de ses profondeurs, mais faite pour être riche, heureuse, unie ; et qui le sera, n'en déplaise aux prophètes de malheur, lorsqu'on aura su ouvrir une issue aux aspirations refoulées, redresser les énergies qui s'égarent et satisfaire, en les occupant à des œuvres utiles, les impatiences qui s'usent à détruire. Le diamant n'est qu'un charbon purifié.

CHAPITRE XIV

Notre ami (car il faut revenir à lui), une fois ses camarades calmés, prit tout simplement des briques et de la terre mouillée, et avec ces matériaux il mura le bas du puits incendié. L'air manquant, le feu s'éteignit comme le plus vulgaire feu de cheminée (ce n'était pas autre chose, toutes proportions gardées), et tout fut dit, pour cette fois du moins.

Non, tout n'était pas dit, même pour cette fois ; car lorsque, remontant avec ceux qu'il avait sauvés, et aussi avec les corps de ceux qu'il n'avait pu sauver, Stephenson posa le pied sur le bord du puits, un vieillard s'approcha de lui, et, les larmes aux yeux : « Georges, lui dit-il, toi qui sais tant de choses, est-ce qu'il n'y a pas un moyen d'empêcher de tels accidents ? — Je crois que si, répondit l'autre, et j'espère le trouver. — En ce cas, dépêche-toi, répondit le vieillard ; car c'est avec la vie des hommes que s'achète aujourd'hui le charbon ! »

Il disait vrai, ce vieillard, et bien plus vrai qu'il ne le croyait lui-même ; car c'est avec la vie des hommes que s'achètent toutes choses. Tout n'est-il pas le produit du temps et de la peine, de l'effort de la main ou de l'effort de la tête ; et qu'est-ce que tout cela, sinon la vie elle-même sous ses diverses formes ?

Tout est de la vie donc; et c'est pour cela qu'il ne faut pas plus gaspiller les choses que le temps.

Mais il y a des cas où cette vie est bien employée et payée par ce qu'elle achète; et il y en a d'autres où elle est brutalement et inconsidérément sacrifiée. Le progrès consiste à ne plus la perdre, et à la bien employer.

On vit bientôt que Stephenson n'avait pas parlé en vain, et l'on comprit alors à quoi tendaient ces expériences dont il avait failli être victime.

A quelque temps de là (son fils nous a laissé le récit émouvant de cette scène)[1], il descendait de nouveau dans la mine au milieu de la nuit. Il était accompagné d'un contremaître et d'un autre ouvrier sûr. L'un d'eux, sans lumière, pénétra jusqu'au fond des galeries dans un endroit où le grisou était particulièrement abondant; et, après avoir constaté que le gaz maudit sortait, en ce moment même, avec force par les crevasses des parois, il revint rendre compte de cette vérification. Alors Stephenson, ayant fait retirer en arrière ses compagnons, s'avança seul, malgré leurs efforts pour le retenir, vers l'endroit infesté. Il tenait à la main une petite lanterne de sa façon, qu'il avait préalablement allumée. Lorsqu'il arriva dans la région du grisou, la flamme de sa lanterne s'éleva brusquement avec un petit bruit de souffle, puis elle s'éteignit, et ce fut tout. Il n'y avait pas eu d'explosion; ou, pour parler plus exactement, l'explosion, confinée dans l'intérieur de l'appareil, n'avait pas gagné l'air ambiant.

Rassuré alors, il revint prendre ses camarades pour renouveler l'expérience en leur présence. Le succès fut le même.

---

1. Voir, à l'appendice, la note *E*.

Il n'était qu'à demi satisfait cependant ; et comme on le félicitait : « Non, dit-il, il y a encore à faire ; ma lampe n'est pas encore assez sûre pour être mise dans la main de tout le monde. »

L'année suivante (c'était en 1816), il osait enfin avouer son appareil, et il donnait à ses camarades les mineurs une lampe de sûreté qu'on baptisa, de son nom, un *georget*. Dans tout le pays de Newcastle, ce nom est resté en usage, et la lampe et le nom de Stephenson y sont encore bénis par les ouvriers.

CHAPITRE XV

Au même moment, pour ainsi dire, par une de ces coïncidences qui se rencontrent souvent dans l'histoire des inventions, Davy terminait ses travaux. Cinq jours plus tard (*plus tard*, entendons-nous bien), à la séance de la Société royale d'Angleterre, il déposait sur la table de cette société, avec un savant mémoire, une autre lampe de sûreté de son invention. L'expérience faite, la nouvelle lampe fut trouvée admirable, et aussitôt baptisée, elle aussi, du nom de son inventeur, la *lampe de Davy*.

Alors ce fut à travers toute l'Europe un concert d'admiration et de reconnaissance pour celui qui venait de préserver la vie de tant de pauvres mineurs occupés à tirer pour nous des entrailles de la terre la chaleur, la force et la lumière. Les décorations, les honneurs, les pensions plurent sur la tête de l'illustre baronnet Humphrey Davy (car il était baronnet, s'il vous plaît, *sir* Humphrey Davy). Et c'était justice. Quant à Georges Stephenson, Georget il était, et Georget il restait comme devant. Au fond de son comté de Newcastle, il avait pour lui la gratitude, bien vive, il est vrai, de ceux qui se servaient de sa lampe et qui savaient de qui ils la tenaient. Mais c'était tout, et à quelques milles de là, qui se doutait seulement qu'il existât[1] ?

1. Voir, à l'appendice, la note *F*.

Il avait là, on en conviendra, une belle occasion de maudire la Providence et de trouver le monde à refaire; et d'autres n'y eussent pas manqué. Comment! voici, d'un côté, un pauvre diable de mineur, mécanicien et chimiste de hasard, qui s'est fait lui-même, et qui par conséquent n'en a que plus de mérite : il réalise, avec ses faibles moyens, une invention admirable; il préserve la vie de ses semblables au risque de la sienne, et personne ne s'en occupe! Et voilà, de l'autre côté, un monsieur qui n'en a pas fait davantage et qui n'y a pas eu tant de peine assurément, car il avait à sa disposition toutes les ressources de la science; il était sur un plus grand théâtre, il était riche, il était membre de la Société royale, et tout s'ouvrait devant lui. Mais c'est un personnage : tout le monde célèbre ses louanges, et il n'y a pas assez d'honneurs pour lui. En vérité la société est à refondre.

Eh bien non, mes chers amis, la société n'est pas tant à refondre que cela. Stephenson, du moins, ne le pensa pas.

D'abord, je ne sais s'il le savait, mais il est bon de le rappeler, ce Davy, aujourd'hui si célèbre, il n'était pas, comme on dit vulgairement, sorti de la côte d'Adam, lui non plus. Fils d'un petit cultivateur, il avait commencé par être garçon chez un apothicaire; et c'était là, en faisant des pilules, comme le célèbre Claude Bernard ou comme le grand Balard, qu'il avait attrapé un peu de chimie et commencé à conquérir par son travail les premiers rudiments de la science. Le reste était venu après, parce qu'il l'avait mérité et conquis.

Ensuite, et sans s'arrêter à cela, Stephenson, dans son grand cœur, trouvait que c'était bien beau déjà qu'un pauvre ouvrier comme lui, perdu dans son trou à charbon, et sans autres ressources que sa bonne volonté, eût pu faire ce qui avait coûté tant de recherches à cet homme illustre à qui rien n'avait manqué.

Et, au lieu de maudire la Providence, il la bénissait.

Et voilà comment, selon la façon dont on regarde les choses... et les gens, on leur trouve bon ou mauvais air.

Voilà comment, en prenant tout par le bon bout, on sait trouver le bien là où d'autres ne trouvent que le mal. Il y a, dit-on, des gens qui ont au cœur une source d'eaux amères, et il y en a qui y ont au contraire une fontaine de joie. C'est vrai ; mais n'est-ce pas nous, le plus souvent, qui y versons l'amertume ou la douceur[1] ?

1. On cite, comme exemple de la seconde façon deprendre les choses. cette boutade d'un philosophe qui ne savait comment remercier les autres de la peine qu'ils prenaient de faire de la dépense pour son agrément :

« J'aime les belles choses, disait-il, mais je n'ai ni le temps ni le moyen de me les procurer. Heureusement je n'ai pas à me faire de bile pour cela ; car il y a une foule de gens qui ne sont occupés qu'à m'en faire jouir. Voici, par exemple, un magnifique équipage ; son entretien donne bien du mal à son maître : moi, j'ai gratis le plaisir de le voir passer. Voici de beaux parcs, tout garnis de fleurs et de plantes rares : je n'ai qu'à ouvrir les yeux pour jouir de leur vue. Les bijoux et les pierres précieuses me charment, et je ne trouve rien de plus gracieux qu'une jolie toilette bien portée : il y a de belles dames qui tout exprès les viennent étaler devant moi. » Et ainsi de suite. — Il est certain qu'avec cette philosophie indulgente l'excellent homme ne manquait pas d'occasions de bénir ses semblables. « Faisait-il pas mieux, comme le renard de la fable, que de se plaindre ? »

CHAPITRE XVI

Fin de la première partie

Ici se termine ce que l'on pourrait appeler la première partie de la vie de Stephenson, la moins connue, mais non la moins intéressante ; car c'est elle qui, en faisant ressortir son caractère, explique la seconde.

Il est bon sans doute de savoir que c'est à ce grand homme que nous devons les chemins de fer : il n'est pas moins bon de savoir de quels humbles commencements il est parti, par quelle marche difficile et patiente il s'est élevé, par quelles qualités de cœur et d'esprit il a mérité l'estime avant de conquérir l'admiration, et triomphé de l'adversité avant d'honorer la prospérité.

On verra, d'ailleurs, en le suivant dans la seconde partie de sa vie, consacrée tout entière à la réalisation de son autre grande conception, de quel usage lui ont été jusqu'au jour du succès, et même au delà, ces mérites obscurs, racines premières et fécondes des fruits glorieux de sa vieillesse.

DEUXIÈME PARTIE

L'AGE MUR. — LUTTES ET TRIOMPHES

CHAPITRE PREMIER

Première idée de la *machine voyageuse*. — Les prédécesseurs de
Stephenson. — Watt. — Papin. — Jouffroy. — Fulton.

Stephenson est le créateur des chemins de fer; il
l'est incontestablement, c'est une gloire qui ne lui
sera jamais disputée.

Est-ce à dire que, de but en blanc, et sans que personne autre y ait contribué, ce grand homme ait, à lui
tout seul, opéré cette immense et bienfaisante révolution; qu'un beau jour il ait tiré de sa puissante tête
tout ce qui pouvait servir à ses merveilleuses inventions; et que d'un coup de génie il ait fait sortir de son
cerveau locomotives et chemins de fer prêts à fonctionner, comme on voit, dans la mythologie antique, le
grand Jupiter faire jaillir de son front Minerve tout
armée, prête également pour les œuvres de la paix et
pour celles de la guerre?

Non; les inventions de ce monde, les grandes surtout,
ne s'improvisent pas ainsi. Elles se préparent, elles
s'essayent plus ou moins longtemps, plus ou moins
obscurément, et parfois sans que ceux-là mêmes qui

les préparent se rendent bien compte de la grandeur de la tâche à laquelle ils travaillent. Elles procèdent par essais, infructueux d'abord, parce qu'ils sont prématurés ou imparfaits; parce que la science parfois, et parfois aussi l'industrie, ne sont pas assez avancées encore; et qu'il faut, pour la réalisation de chaque progrès, non seulement que ce progrès soit possible en lui-même, mais qu'il vienne à son heure, c'est-à-dire que certaines conditions matérielles et morales indispensables existent, que l'état des esprits et des intérêts l'accepte, que le *milieu*, pour tout dire, s'y prête. Puis, à de certains moments, quand les temps sont venus, des hommes mieux doués que d'autres ou, ce qui est plus exact peut-être, sachant mieux que d'autres faire usage des facultés dont ils ont été dotés par la nature, reprennent, en y appliquant toutes les ressources accumulées par l'expérience de leurs prédécesseurs, ces essais et ces tâtonnements jusqu'à eux inféconds. Et l'on voit éclore enfin sous une forme pratique ce qui jusque-là n'était qu'un germe, une espérance, une vue vague, une *utopie :* chimère et impossibilité hier, réalité et parfois banalité demain [1].

Il en est ainsi pour les chemins de fer; et si l'on prétendait énumérer tout ce qui, de loin ou de près, a pu préparer cette grande invention, il faudrait en vérité remonter bien haut.

Il y a la vapeur d'abord, dont Stephenson a multiplié les applications, mais qu'il n'a pas inventée;

1. C'est ce que Pascal a si admirablement exprimé quand il a représenté l'humanité comme un homme immense qui vivrait toujours et qui toujours apprendrait.

« Nous travaillons, a dit de nos jours M. Laboulaye, avec les forces de tous les siècles. »

pas plus que Watt, ni Papin, ni Salomon de Caus, ni personne, d'ailleurs. Et il y a les rails ensuite, que Stephenson a perfectionnés, sans doute, et qu'il a,

plus strictement que d'autres, associés à la locomotion à vapeur, mais dont les premiers essais non plus ne sont de lui.

La vapeur ! Mais elle a été mise dans le monde le

jour où, pour la première fois, l'eau en ébullition a soulevé le couvercle d'un vase. Ce qu'elle est aujourd'hui, elle l'était alors ; et ce qu'elle peut, elle le pouvait. Qui le savait ? Et si on l'avait su, quel parti en aurait-on tiré ?

Il fallait qu'un observateur plus sagace, étudiant cette force captive qui s'agitait dans l'eau et ébranlait en s'échappant le poids qui lui faisait obstacle, songeât à l'emprisonner plus étroitement pour en faire la servante docile de l'homme, et à mettre à sa charge les travaux auxquels nos muscles et ceux des animaux ne suffisaient plus.

Il fallait que, l'idée conçue, un corps lui fût donné sous la forme d'appareils appropriés ; et pour cela il fallait que l'industrie métallurgique eût atteint un degré d'avancement qu'elle n'a pas connu avant le monde moderne. Le même siècle, par la force des choses, devait être à la fois le siècle du fer et le siècle de la vapeur ; car sans le fer la vapeur manquerait de corps, et sans la vapeur le fer manquerait d'âme.

Il fallait enfin que la découverte fût admise, sinon de tous, d'un certain nombre au moins, et qu'elle trouvât, soit dans la sympathie des savants, soit dans les besoins de l'industrie ou du commerce, des moyens suffisants de subsister et de se développer.

On sait que tel n'a pas été d'abord le cas, bien que du premier bond, pour ainsi dire, un homme de génie, auquel la France vient de rendre un tardif hommage[1], Denis Papin, eût franchi bien des degrés intermédiaires.

De cette marmite à laquelle il a laissé son nom, le pauvre grand homme, il avait tiré déjà, on n'y songe

1. Une statue vient enfin d'être solennellement élevée à Papin sur une des places de Blois.

LES BATELIERS DU WESER.

pas assez, la grande découverte de la navigation à vapeur. Le premier bateau à vapeur qui ait été mis sur une rivière, nous n'avons pas le droit d'oublier cela, nous autres Français, c'est un Français, c'est Denis Papin qui l'y a mis.

Dès 1707, Papin avait lancé sur la Fulda un bâtiment avec lequel il se flattait de gagner la mer et de se rendre à Londres. L'homme le plus illustre de l'Allemagne d'alors, le grand Leibnitz, auquel aucune science n'était étrangère, suivait avec intérêt ses essais; mais que peut la protection de la science contre les brutalités de l'ignorance? Les bateliers du Weser, par superstition peut-être, par jalousie certainement, mirent en pièces cette bête étrange qui venait s'emparer de leur domaine. Le malheureux inventeur alla bien à Londres, mais sans son bateau ; et il y alla pour y mourir dans la misère et dans le désespoir, peut-être dans la démence[1].

Plus tard, un autre Français, le marquis de Jouffroy, fit de nouveaux essais sur le Doubs. On l'appelait par dérision, à la cour du roi Louis XVI, *Jouffroy la Pompe;* et l'on faisait des gorges chaudes de cet insensé qui prétendait, lui aussi, « marier » ensemble ces deux choses incompatibles, « l'eau et le feu »[2].

Ce n'est qu'en 1807, un siècle précisément après Papin, qu'un Américain, de génie aussi, lançant à son tour sur un fleuve de son pays son navire *le Clermont,* également considéré jusqu'au succès comme une folie, la *Folie-Fulton,* a fait entrer la navigation à vapeur dans l'ère des réalités et commencé à mettre à la disposition du monde civilisé ce grand et nouveau

1. Voir, à l'appendice, note *G*, le discours de M. F. de Lesseps, au nom de l'Académie des sciences.
2. Voir, à l'appendice, la notice *H* sur le marquis de Jouffroy.

moyen de communication entre les continents et les nations.

Quel qu'ait été le mérite de ses prédécesseurs, le nom de Fulton reste à bon droit, dans l'histoire des découvertes décisives, uni à ceux de Watt et de Stephenson; mais Watt et Stephenson, eux aussi, sans

être moins grands, ont eu des prédécesseurs et des devanciers.

Il y avait des machines fixes avant Watt; et Newcommen, le serrurier de Darmouth, pour n'en pas citer d'autres, n'est pas de ceux qui puissent être oubliés.

C'est de Watt pourtant que date réellement la machine à vapeur, parce que c'est Watt qui, par l'harmonieux ensemble de combinaisons heureuses dont il a trouvé le secret, a fait de la machine à vapeur le moteur industriel par excellence[1].

D'autres, de même, avant Stephenson, avaient essayé soit d'adoucir le frottement en faisant rouler les voi-

ROBERT FULTON.

tures sur des surfaces unies et solides, soit d'appliquer à leur propulsion la force nouvelle; mais ils n'avaient obtenu que des résultats insuffisants. C'est lui qui, reprenant tous ces travaux, écartant ce qui était défectueux, profitant de ce qui était bon, et y ajoutant les lumineuses inspirations de son simple et ferme bon

1. Voir, à l'appendice, la note I.

sens, a compris l'étroite liaison de la voie de fer et de la voiture à vapeur, et donné à l'une comme à l'autre leur droit de cité dans le monde moderne.

Quelques indications sur ces premières tentatives ne seront pas ici hors de propos. Rendre justice aux devanciers, ce ne sera que mieux faire comprendre la supériorité du maître.

CHAPITRE II

La pensée de diminuer, en améliorant les voies, l'effort de la traction, est une pensée vieille comme le monde. Combien y a-t-il cependant que sur nos routes on a renoncé aux pentes impossibles de la ligne droite, et compris l'importance de n'employer pour les chaussées que des matériaux de premier choix ? Sous Louis XIV encore, et au delà (les pentes de nos vieilles routes *royales* et la côte du *Cœur-Volant*, entre Marly et Versailles, sont là pour l'attester), on allait droit devant soi, comme si le chemin le plus court n'était pas la plupart du temps le plus long, et l'on passait comme l'on pouvait. Les Romains, ces grands constructeurs de voies militaires et autres, savaient, il est vrai, placer sur ces voies des bandes de basalte; et l'on voyait encore, il y a peu d'années, à Milan, et, plus près de nous, à la barrière de Neuilly, des traces d'un système analogue. A défaut d'un empierrement convenable de toute la voie, on affectait aux roues des parties exceptionnellement résistantes. De même, dès le XVII° siècle, dans les mines d'Angleterre, pour empêcher les lourds chariots de houille d'enfoncer dans la boue jusqu'au moyeu, on avait imaginé de disposer des espèces d'ornières en bois, dans lesquelles les roues s'engageaient; puis, sur quelques points, on avait substitué au bois de la fonte plus ou moins grossière. C'étaient assurément déjà des chemins de bois, puis des chemins de fer, mais des chemins de fer rudimentaires, et sur lesquels d'ailleurs les voitures étaient traînées par des animaux.

II.   - Premiers essais d'application de la vapeur à la locomotion. Machines routières. — Combinaisons bizarres.

On avait songé, d'autre part, en voyant apparaître la force nouvelle, à l'appliquer à la traction des voitures, comme on commençait à l'appliquer à la mise en mouvement des pompes et au déplacement des fardeaux. Mais, chose étrange, ou peut-être chose naturelle (car il semble que tous les inventeurs à l'envi commencent par le compliqué, et que le simple soit ce qui attire le moins les regards), on ne comprit pas d'abord que c'était sur le rail que la voiture à vapeur devait être naturellement placée; et les premiers essais eurent tous pour but la locomotive routière, encore imparfaite et d'un usage exceptionnel, même aujourd'hui.

C'est l'honneur de Georges Stephenson d'avoir su se refuser à s'engager dans cette voie, où l'on voulait le pousser.

Dès 1769, il y a plus d'un siècle, un officier suisse, Planta, proposait une machine de ce genre, et à la même époque, de 1763 à 1770, un Lorrain, Joseph Cugnot, construisait pour l'usage de l'artillerie un chariot à vapeur qui fut l'objet d'expériences publiques, à Paris, sous les yeux du célèbre maréchal de Saxe. Ce chariot, il faut le reconnaître, se comportait assez bien pendant un quart d'heure; il marchait avec une bonne vitesse; et, s'il avait soutenu son allure, on aurait pu certes en être satisfait ; mais au bout de ce temps, ayant dépensé sa vapeur, il avait donné ce qu'il avait de souffle, et il lui fallait faire halte pour reprendre haleine. C'était comme un cheval auquel, tous les deux ou trois kilomètres, il faudrait son pico-

CHARIOT A VAPEUR DE CUGNOT.

tin d'avoine. De cette façon, évidemment, on n'avançait guère .

Il avait d'ailleurs, ce cheval de fer, un autre défaut plus grave : il était quelque peu capricieux et rétif et n'obéissait pas toujours à la main qui le guidait. Un jour, il entra dans une boutique ; un autre jour, il

1. M. L. Figuier, dans le III° volume de ses *Découvertes scientifiques modernes*, donne des détails sur les expériences de Cugnot, et reproduit un rapport sur ces expériences, retrouvé aux archives de l'artillerie par le général Morin. Cette machine, dit le rapport, « aurait parcouru environ 1800 à 3000 toises par heure (trois kilomètres et demi à six), *si elle n'avait pas éprouvé d'interruption*. Mais... elle ne pouvait marcher de suite que pendant la durée de douze à quinze minutes seulement, etc. — Le four, étant d'ailleurs mal fait, laissait échapper la chaleur ; la chaudière paraissait aussi trop faible. »

En somme, M. L. Figuier estime que l'on a trop parlé de cette machine et que c'était une assez pauvre création. Cugnot, en s'obstinant dans une voie qui ne pouvait le conduire au succès, a suivant lui plutôt retardé qu'avancé les progrès de la locomotion à vapeur.

renversa un mur. On trouva que ces caprices passaient la permission, et que ce qu'il y avait de mieux à faire, c'était de renoncer à ses dangereux services. On ne lui donna donc plus d'avoine du tout, et on le mit au repos à perpétuité dans une belle écurie. Il y est encore, et chacun peut l'y visiter, quand il voudra, au Conservatoire des arts et métiers. Il n'est même pas défendu d'en approcher ; la diète l'a calmé, et, depuis qu'il ne mange plus de charbon, il n'a jamais fait de mal à personne.

Ce ne fut pas le seul essai plus ou moins intéressant, quoique imparfait. Il y eut ceux d'Olivier Évans, un Américain, d'abord simple ouvrier comme Stephenson, puis mécanicien habile, dont les machines, construites de 1787 à 1790, furent imitées en Angleterre, dans le pays de Cornouailles, par Trevitick et Vivian, dès 1804 [1], et plus tard répandues plus au loin. Il y eu aussi ceux de Brunton, un ingénieur distingué, mais cette fois malheureux, qui avait imaginé, pour mieux imiter le cheval, une sorte de corps à quatre membres articulés, qui devaient s'avancer alternativement sous l'action de la vapeur. Cette fois-ci la bête ne se borna pas à des écarts plus ou moins désordonnés ; elle éclata au premier essai sérieux, et l'on n'eut pas même la consolation de se dire que les morceaux en étaient bons, car ils avaient tué ou blessé une partie des assistants. Inutile d'ajouter qu'on ne renouvela pas l'expérience.

1. Voir, à l'appendice, la note *J*.

CHAPITRE III

On s'étonne aujourd'hui, quand on voit les roues
des locomotives tourner si simplement sur les rails,
de toutes ces complications. Mais, d'une part, ne l'ou-
blions pas, on avait en tête à cette époque l'établisse-
ment de la locomotive sur les routes ordinaires; et,
d'autre part, lorsque quelques hommes mieux inspirés
songeaient à mettre la machine à vapeur sur des bandes
de fer, on leur objectait que, faute d'adhérence, le
métal glisserait sur le métal et que leur machine
tournerait sur place, ainsi qu'il arrive quelquefois,
comme nous le savons, quand les rails sont couverts
de verglas. On dit alors que les roues patinent sous
elles.

Et il n'y avait pas à répliquer, car on démontrait
cela par des formules qui ne souffraient pas de contra-
diction : des formules mathématiques !

C'est pourquoi l'un des hommes dont il est juste de
citer les noms parmi ces ouvriers de la première
heure, Blenkinsop, avait eu recours, lui, à un système
de roues et de rails dentés qui s'engrenaient les uns
avec les autres. Ce système n'a pas été tout à fait abandonné; on l'a utilisé, avec des variantes, dans certaines circonstances exceptionnelles, pour gravir des

pentes très rapides : il suffit de citer le système Fell employé au mont Cenis avant l'ouverture du tunnel, et, si nous ne nous trompons, le chemin de fer du Vésuve.

Mais, dans les circonstances ordinaires, toutes ces complications sont plus qu'inutiles ; elles sont nuisibles, car c'est de la dépense sans but et de la force gratuitement perdue. Aussi n'étaient-elles du goût ni de Stephenson, l'homme au coup d'œil droit, ni d'un certain Blackett, qui se trouvait être, par un hasard singulier, un des propriétaires des charbonnages de Wylam, où était né Stephenson.

Ce Blackett, au lieu de faire, comme d'autres, des chiffres et des formules, fit des expériences. Il essaya des roues et des rails de toutes sortes, et il arriva à reconnaître que, de tous les systèmes, le meilleur était de n'en pas avoir, c'est-à-dire de mettre tout bonnement des roues lisses sur des rails lisses : les aspérités inévitables du métal suffisaient pour donner l'adhérence nécessaire [1]. Il construisit en conséquence, pour son charbonnage, un petit chemin de fer et une machine qui transportait le charbon assez convenablement, mais à petite vitesse. Les gens du voisinage se moquaient de sa témérité et disaient que sa folie le

1. Entre deux surfaces planes, disent Trevithick et Vivian dans un de leurs mémoires, l'adhérence est trop faible ; les voitures sont exposées à glisser, et la force d'impulsion est perdue. — Cette idée inexacte, adoptée par tous les ingénieurs, constitua l'un des principaux obstacles devant lesquels fut arrêté longtemps le développement des chemins de fer.

Ce n'est qu'en 1813 que Blackett, substituant l'expérience à la théorie, et cherchant à déterminer pratiquement la quantité de force que faisait perdre le glissement, arriva à constater que le poids de la machine suffit pour déterminer l'adhérence et permettre la marche des voitures à remorquer.

C'est l'année suivante, en 1814, que Stephenson construisit sa première locomotive.

mènerait à l'hôpital. Stephenson, au contraire, tout en appréciant ce qu'il avait fait, trouvait qu'il se contentait de bien peu, et que, pour tant faire que de changer d'attelage, il fallait que le nouveau valût mieux que l'ancien.

Ce qu'il rêvait, lui, c'était une *machine voyageuse*, c'est-à-dire une machine qui, non contente de transporter économiquement des marchandises, transporterait des hommes, et les transporterait plus vite et à meilleur compte que les meilleures voitures. Et, pour atteindre ce but, il avait compris que l'harmonie du rail et de la roue était la première condition à réaliser. Le rail et la roue, disait-il, en employant une image qui dans sa bouche était véritablement touchante, doivent être ensemble « comme mari et femme ».

Il ne réussit pas du premier coup; mais sa devise était persévérance, et il était fidèle à sa devise.

CHAPITRE IV

Sa première machine fut construite avec l'aide d'un des propriétaires de la mine de Killingworth, lord Ravensworth, à qui il avait inspiré confiance, et qui mit à sa disposition des avances d'une certaine importance. Elle valait mieux déjà que celles de ses concurrents ; aussi fut-elle, pendant plusieurs années, utilement employée sur la mine. Mais si elle avait la force, elle n'avait pas encore la vitesse, et elle ne procurait pas non plus, au point de vue de la dépense, d'économie bien marquée. Or employer des chevaux de chair et d'os qui mangent de l'avoine, ou employer des chevaux de fer qui mangent du charbon, il n'importe guère au fond, s'ils consomment autant les uns que les autres : ce qui importe, c'est de réduire la consommation et d'augmenter le travail. Il avait de plus, lui aussi, ce premier cheval de fer de Stephenson, un inconvénient fort sérieux : il faisait un sabbat de tous les diables. Aujourd'hui, après un demi-siècle d'éducation, la musique de la locomotive n'est pas précisément agréable, et nous trouvons souvent qu'elle nous écorche les oreilles. Mais elle ne parle plus, du moins, que par intervalles ; et quand elle parle, c'est qu'elle a quelque chose à dire. Ces coups de sifflet, plus ou moins coupés ou prolongés, qui nous font tressaillir c'est une langue, langue qui pour la plupart des voyageurs n'a pas grand sens, parce qu'ils ne l'ont pas apprise, mais qui pour les gens du métier est très claire, et dont l'emploi prévient bien des catastrophes. Telle ou telle manière de siffler veut dire : « Attention ! » et telle autre : « Arrêtez ! » celle-ci : « Serrez au frein ! » celle-là : « Vous pouvez marcher ! » et ainsi de suite. Au début, cela ne voulait rien dire du tout, et c'était continuel. L'animal hennissait sans interruption ; c'était à en perdre la tête.

Joignez à cela les préjugés, les jalousies, l'horreur de la nouveauté. La flamme vomie par la machine incendierait tout sur son passage ; le bruit mettrait en fuite les animaux ; la fumée ferait tourner les vins dans les caves, le lait dans les laiteries et les œufs dans les poulaillers ; elle rendrait les pommes de terre malades, empêcherait les arbres fruitiers de produire et carierait les blés. Cela nous paraît risible aujourd'hui, mais c'était très sérieux alors ; et cela a été redit, il n'y a pas si longtemps, en France, dans des documents graves et par des gens graves, ou qui auraient dû l'être. N'insistons pas.

Quoi qu'il en soit, cela ne pouvait pas durer ainsi ; Stephenson fut le premier à le comprendre ; et du premier coup aussi, par un trait de génie, il trouva le remède.

Oh ! il était bien simple, son remède ; mais c'est en cela précisément que les grands esprits, les esprits justes, se distinguent des autres. Ils vont droit où il faut aller, tandis que les esprits moins pénétrants et moins nets ne savent qu'imaginer pour tourner autour du but sans l'atteindre.

C'était la vapeur qui, en passant directement de sa chaudière brûlante dans le milieu froid, de l'air libre,

MODÈLE DE LOCOMOTIVE

produisait par sa brusque condensation le violent ébranlement de l'air d'où résultait le bruit. Stephenson adoucit la transition en envoyant cette vapeur dans la cheminée, où elle se dégagea parmi la fumée et les gaz chauds. En se mêlant à eux, sa détente devint moins soudaine, et la machine, au lieu de sifflements perpétuels, n'eut plus qu'un souffle un peu fort, un peu bruyant, mais nullement insupportable : le souffle puissant et sain d'une bête robuste qui fait honnêtement sa besogne et qui respire au plein de ses grands poumons pour mieux travailler.

Il arriva autre chose : la vapeur, en traversant la fumée, activa le tirage; et du coup Stephenson se trouva avoir doublé, pour la même dépense de combustible, la puissance de sa machine ou sa vitesse à son choix, car c'est tout un. Que si l'on se contentait de la même vitesse et de la même puissance, il y avait économie de moitié sur la dépense de combustible. C'était un pas énorme et qui devait, on le verra tout à l'heure, conduire plus tard à un autre tout à fait décisif. Sans le *tuyau soufflant* (c'est le nom que Stephenson donna à sa conduite), la locomotive rapide, la *machine voyageuse*, n'existerait pas.

COUPE LONGITUDINALE D'UNE LOCOMOTIVE A CHAUDIÈRE TUBULAIRE.

CHAPITRE V

Cependant ces premiers essais restaient confinés dans les limites d'une exploitation particulière, et Stephenson, qui rêvait autre chose, n'était qu'à demi satisfait. Il songeait même de nouveau, paraît-il, à partir pour l'Amérique, cette fois avec la pensée d'y organiser la navigation à vapeur sur les grands lacs, quand on vint lui proposer la construction d'un chemin de fer qui maintenant serait bien peu de chose, mais qui alors pouvait bien paraître une entreprise extraordinaire. Il s'agissait d'aller de la mine d'Hetton à la mer, afin de faire passer directement le charbon des chariots sur les bateaux. Il n'y avait pas moins d'une douzaine de kilomètres d'une extrémité à l'autre. De plus, il fallait franchir une colline.

Franchir une colline ! En 1880 ce ne serait pas une affaire. Quand nous rencontrons une élévation de terrain devant nous aujourd'hui, nous ne nous donnons pas la peine de passer par-dessus, ou à côté ; nous passons dessous ou au travers, selon la nature des lieux ou la différence des niveaux, et il n'y a si petit chef d'atelier qui n'en puisse remontrer à cet égard au paladin Roland et au géant Tranche-montagne. Mais en 1820 on n'en était pas là ; on ne faisait pas

des trous dans les Alpes et dans les Pyrénées comme un
ra tdans un fromage. On ne parlait pas de percer les
isthmes comme de tracer une rivière anglaise dans un
parc. Et l'on n'aurait pas songé sérieusement à faire
passer un chemin de fer sous la Manche pour aller,
sans risque de mal de mer et sans transbordement,

CONSTRUCTION D'UN TUNNEL

faire de pacifiques descentes chez nos voisins les Anglais.

Or on ne pouvait pas, dans le cas actuel, employer
la ressource de tourner l'obstacle, et l'on avait im-
posé à Stephenson l'obligation de passer par-dessus.
Il y parvint au moyen de plans inclinés et de paliers
intelligemment combinés et desservis, selon les cas,
par des machines fixes et par des machines mobiles.

C'est, pour le dire en passant, à peu près ce qui fut
fait ailleurs, quelques années plus tard, par un homme
dont le nom ne doit pas être séparé de celui de Ste-

ENTRÉE D'UN TUNNEL.

phenson, le Français Marc Séguin[1], l'aîné des Séguin,
pour la construction du premier chemin de fer qui

1. Voir, plus loin, ce qui concerne la chaudière tubulaire, et, à
l'appendice, la notice *L*, relative à Marc Séguin, et les notes *M* et *N*.

ait été établi en France, celui de Saint-Étienne, destiné au seul transport des houilles d'abord, et plus tard tant bien que mal approprié au transport des voyageurs.

Que mes lecteurs me permettent ici un souvenir personnel.

CHAPITRE VI

Il y a bientôt quarante ans (c'était, je crois, en 1843 ou en 1844), c'est-à dire à une époque où les chemins de fer n'étaient plus tout à fait une nouveauté, même en France, quelques voyageurs, parmi lesquels l'auteur de ces pages, avaient pris cette voie à Roanne. Ils allaient plus loin, et ils étaient en diligence. En ce temps-là, les diligences, non remplacées encore, empruntaient les parties de parcours sur lesquels le chemin de fer était construit : on leur enlevait leurs roues, on les plaçait sur des trucs, et à l'arrivée on les remontait sur roues et on les attelait de nouveau.

Parmi nos compagnons de voyage se trouvait une dame d'un certain âge, qui n'avait pas encore fait connaissance avec ce mode de locomotion infernal. Aussi était-elle dans des transes perpétuelles. A un certain moment, sans qu'on fût en gare, le train s'arrête court. Qu'est-ce que cela pouvait bien être? Un accident, évidemment, et notre pauvre voisine de jeter les hauts cris :

« Ah! mon Dieu, messieurs, je vous en supplie, sauvez-moi; nous sommes perdus! etc. »

Au même instant, le conducteur de la diligence, (encore une institution d'autrefois qui s'en va), le conducteur, toujours prévenant et poli, s'avance, la casquette à la main, ouvre la portière et, du ton le plus tranquille, demande si ces messieurs ne voudraient pas monter la côte à pied : elle était un peu raide, la côte, et cela soulagerait la machine.

Monter la côte à pied, en chemin de fer ! Cela va paraître fort à mes jeunes lecteurs, j'en suis sûr ; mais c'était comme cela, ils peuvent m'en croire, il y a trente-cinq ou quarante ans [1].

Du reste, tout le parcours des chemins de Roanne et de Saint-Étienne était bien la chose la plus curieuse du monde : tantôt on se servait de ses jambes, comme je viens de le dire ; tantôt on était traîné par des bœufs ou par des chevaux ; tantôt des wagons chargés de charbon, en descendant un des versants de la côte, tiraient à eux les voitures qui avaient à remonter le versant opposé ; tantôt enfin les trains étaient mis en mouvement par des locomotives fixes ou mobiles. On passait ainsi par tous les procédés de traction imaginables dans l'espace de quelques kilomètres.

Stephenson avait fait quelque chose d'analogue pour son chemin d'Hetton ; ce qui n'empêchait pas que ce ne fût pour l'époque une chose fort surprenante. Aussi

1. Voici un autre épisode du même voyage, qui donne une idée non moins originale de la façon dont il se faisait. Dans le même compartiment que moi se trouvait une malheureuse paysanne qui avait pris le chemin de fer pour échapper à son mari, qui la maltraitait. Ayant quelque fortune, elle avait fait la sottise d'épouser à soixante ans un homme plus jeune qu'elle, qui voulait la contraindre à lui abandonner ses biens. A bout de patience, elle avait pris la fuite et s'était réfugiée dans un wagon. Mais le mari courait derrière avec un gendarme pour la forcer à réintégrer le domicile conjugal. Quand le train ralentissait, il arrivait à la portière, et essayait de faire descendre sa victime ; mais au moment où il allait la saisir, la marche s'accélérait, et il était forcé de lâcher prise avec son gendarme. Il reparaissait dix minutes plus tard pour être encore laissé en plan, et ainsi de suite. Jamais je n'ai vu comédie plus curieuse ; je n'ose dire plus amusante, car elle n'était pas gaie.

venait-on de tous côtés admirer son ouvrage, et surtout voir travailler le merveilleux « cheval de fer ».

Il ne faisait encore cependant, ce merveilleux cheval de fer, qu'environ six kilomètres à l'heure. C'était peu, un homme en fait autant sans beaucoup se gêner ; mais pour ceux qui savaient voir, et pour Stephenson surtout, l'épreuve était décisive : désormais il ne s'agissait plus que d'améliorer ce qui était trouvé.

Aussi, à quelque temps de là, enhardi par ces premiers succès, il n'hésita pas à faire une nouvelle tentative dont le résultat, sans être encore un triomphe définitif, devait avoir sur le développement de ses inventions une influence décisive.

CHAPITRE VII

Un certain M. Pease, homme riche et entreprenant,
avait, non sans beaucoup de temps et d'efforts, obtenu
du Parlement anglais un bill autorisant la construction d'un chemin de fer entre Stockton-sur-Tees et
Darlington, pour le service d'une exploitation houillère
dans laquelle il avait de gros intérêts. Ce n'était pas,
comme il arrive quelquefois, un simple spéculateur,
uniquement préoccupé de son avantage personnel;
c'était un esprit large, un cœur plus large encore. Et
puisque l'occasion se présente, je ne suis pas fâché de
dire un mot de ce digne homme et de ses semblables.
Ce n'est pas sortir de mon sujet; car ce que Boulton a
été pour Watt, Pease l'a été pour Stephenson, et l'on
pourrait presque dire qu'il a autant contribué que lui
au succès de son œuvre.

Les Anglais, qui ne sont pas ingrats, le savent bien.
Lorsque, le 27 septembre 1875, jour anniversaire de
l'ouverture du chemin de fer de Stockton-sur-Tees à
Darlington, ils ont célébré solennellement *la cin-
quantaine* de la création des chemins de fer, ils ont
en soin de ne pas séparer les deux gloires.

J'ai parlé plus haut des *quakers* ou *amis*. M. Pease
appartenait à cette secte pacifique. Pour ceux de mes

jeunes lecteurs qui ne sauraient pas bien ce que c'est
que les quakers, ou qui ne les connaîtraient que par
quelques excentricités de leur costume primitif (leur
aversion pour les boutons par exemple, les grands
chapeaux des hommes, les bonnets sévères des femmes,
ou leur habitude de tutoiement universel)[1], je dirai en
deux mots que ce sont de braves gens, religieux et
chrétiens avant tout, mais d'une piété aussi indulgente qu'active; faciles pour les autres et sévères
pour eux-mêmes; et prenant à la lettre les préceptes
les plus purs, les plus rigides même de l'Évangile :
ceux qui disent, notamment, de ne jamais rendre le
mal pour le mal, ou de ne jamais altérer la vérité
sous aucun prétexte. Pour eux, le serment est un blas-
phème; car jurer de dire la vérité, c'est supposer
qu'on pourrait mentir. C'est *oui*, ou c'est *non*; « tout ce
qui est en plus vient du malin » : et comme cela est ils
le disent, quoi qu'il en puisse advenir.

Considérant la vie et la liberté comme inviolables,
ils ont été, en Angleterre et en Amérique, au premier
rang parmi les ennemis de la peine de mort, de la
guerre et de l'esclavage.

Et, de même que pour eux tous les hommes sont
égaux et également dignes de respect, pour eux aussi
la compagne de l'homme, la femme, est son égale et
participe au même degré que lui aux bénédictions de
Dieu et aux inspirations de son esprit. De là, dans
leurs assemblées religieuses comme dans leurs sociétés d'instruction, de propagande, ou d'affranchisse-
ment des esclaves, cette intervention fréquente des

1. Ces étrangetés sont aujourd'hui assez rares. La majorité des
quakers, tout en conservant des habitudes de simplicité et parfois
d'austérité, ne se distinguent plus guère extérieurement de la
moyenne de leurs semblables.

femmes, prédicateurs, écrivains, trésoriers, présidents, qui parfois nous étonne.

Ces quatre points, à bien dire, forment leur programme.

Laborieux et d'une probité scrupuleuse, au lieu de chercher, comme d'autres, leur avantage dans la perte du prochain, et de dire avec Montaigne que « le profit de l'un est le dommage de l'autre », ils ont soin, dans leurs relations d'affaires, de toujours prendre les intérêts de leurs clients, les avertissant, selon les cas, tantôt de se hâter et tantôt d'attendre, et ne négligeant aucune occasion de leur être réellement utiles.

Avec cela, actifs, vigilants, exacts, et soit dans la banque, soit dans le négoce, soit dans l'industrie, prenant presque toujours place parmi les premiers. Ils ne demandent la fortune, en un mot, qu'au travail et à la droiture; et la fortune vient à eux largement[1]. Mais à mesure qu'elle vient, à mesure que l'argent, appelé par leurs mains infatigables, afflue vers leurs caisses, ils cherchent avec non moins d'ardeur ce qu'ils en peuvent faire pour lui donner un bon emploi. S'agit-il d'entreprises nouvelles à développer, de canaux à creuser, de chemins de fer à créer, d'explorations à faire, de voyages scientifiques à patronner, de pensions ou d'écoles à fonder, d'œuvres de bienfaisance (mais de bienfaisance intelligente), on est sûr de les trouver.

Et ils ne payent pas seulement de leur bourse, ils payent de leur personne, bien que de leur bourse ils y aillent largement, par centaines et par milliers de francs, et par millions quelquefois.

---

1. On en peut dire autant des guèbres ou parsis, disciples de Zoroastre et adorateurs du feu, qui tiennent justement dans l'Orient la tête du grand commerce.

Ce sont des quakers, et parmi eux la belle et courageuse mistress Fry, qui, lorsque a commencé à se poser la grosse question de la réforme pénitentiaire, ont parcouru le monde pour voir d'abord et pour agir ensuite, ne craignant pas, quand il y avait quelque utilité à le faire, de pénétrer seuls jusque dans les repaires les plus immondes et au milieu des criminels les plus endurcis.

Ce sont des quakers, et dans le nombre le célèbre négociant en grains Joseph Sturdge[1], qui, pour se rendre compte par eux-mêmes du véritable état des esclaves et apporter dans le débat des arguments qui ne pussent être contredits, sont allés étudier sur place, en Afrique, en Amérique, en Asie, dans les Indes et dans les Antilles, la condition des noirs et le régime odieux que défendait encore la politique coloniale de l'Angleterre et de l'Europe.

Ce sont des quakers qui, en 1854, au cœur de l'hiver, se sont rendus spontanément d'Angleterre en Russie, portant au czar Nicolas, qui bientôt devait se repentir si amèrement de ne les pas avoir écoutées, leurs représentations et leurs supplications au sujet de la déplorable guerre qu'il allait entreprendre contre la Turquie[2].

Ce sont des quakers enfin qui, en 1870, après avoir vainement essayé de conjurer la guerre ou de l'arrêter, ont répandu sur les champs de bataille tant de secours; qui, en 1871, sont venus pendant des mois parcourir

1. La vie de Joseph Sturdge a été publiée en anglais par ses amis, et abrégée pour les Français sous ce titre : une *Vie de dévouement*, par M. Jean Monod.

2. Ces trois hommes de bien étaient M. Joseph Sturdge, nommé plus haut, alors président de la Société de la paix ; M. Henry Pease, président actuel (voir, à l'appendice, la notice *O* sur la famille Pease), et M. Robert Charleton.

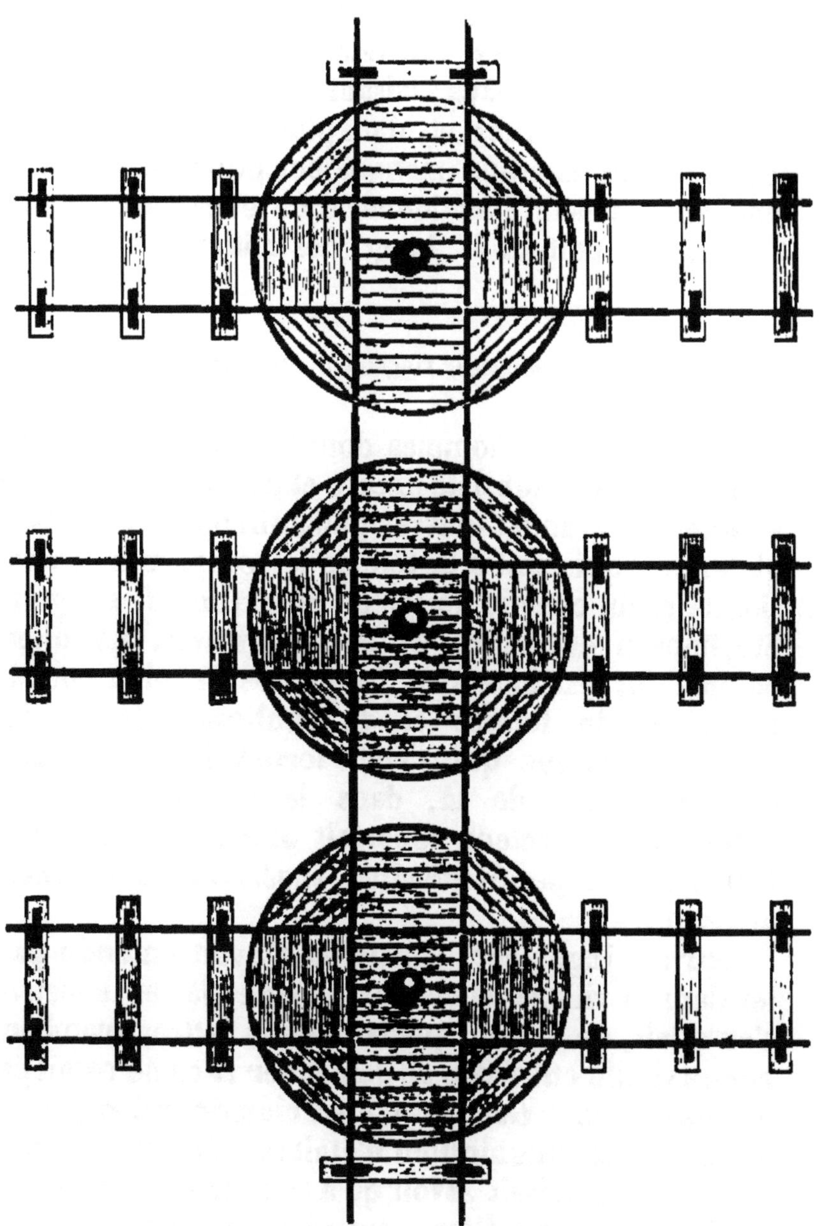

PLAQUES TOURNANTES (plan).

la France, distribuant eux-mêmes, après enquêtes
sur place, des vivres, des vêtements, des outils, des
semences, des bestiaux; faisant rebâtir des villages,
donnant des charrues, et, dans plus d'une région où le
temps et les chevaux manquaient pour les labours,
amenant et faisant fonctionner sous leurs yeux, comme
l'infatigable boiteux M. Long, des charrues à vapeur.

II. — Monsieur l'ingénieur Stephenson.

C'est un de ces hommes dont la famille, il est bon
de le constater, subsiste encore et coopère activement
à toutes les grandes œuvres philanthropiques de l'Angleterre[1], qui était à la tête de la compagnie conces-
sionnaire du chemin de fer de Stockton à Darlington.
Stephenson eut l'idée d'aller le trouver. Le digne
homme fut extrêmement frappé de la physionomie
mélangée de finesse et de bonhomie de cet ingénieur rustique qui s'était formé lui-même; et à
quelque temps de là, dans le village qu'habitait
notre ami, le facteur apportait une lettre adressée à
*Monsieur l'écuyer Stephenson, ingénieur (G. Stephen-
son esquire)*.

Écuyer! ingénieur! jamais on n'avait entendu parler dans le village de ces personnages-là; et le facteur
s'en allait, ne sachant que faire de la lettre, quand une
bonne vieille eut l'idée de demander si ce ne serait pas
par hasard pour *Georget*. C'était bien pour Georget, en
effet, et la communication n'était pas de mince importance. On lui faisait savoir qu'à la recommandation de
M. Pease il venait d'être nommé ingénieur de la com-

---

1. Voir, à l'appendice, la notice *O* sur la famille Pease.

pagnie, aux appointements de trois cents livres sterling
par an (environ 7500 francs).

Ce n'était qu'un commencement, et M. Pease ne

RAIL DANS SON COUSSINET (coupe).

tarda pas à mettre à sa disposition des capitaux considérables pour fonder une usine à Newcastle, afin d'y

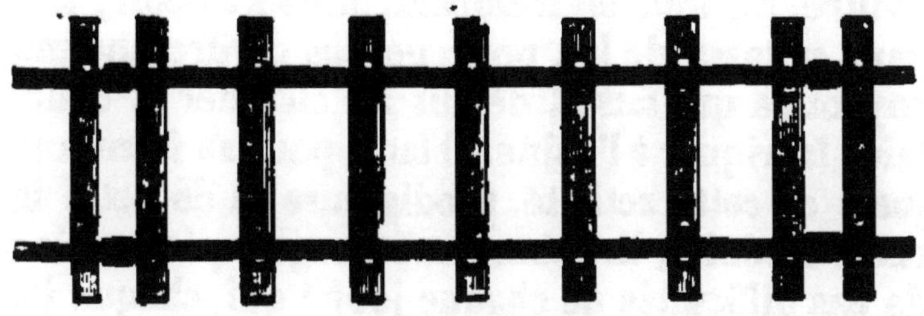

VOIE FERRÉE (plan).

construire lui-même les appareils et les machines dont
il avait besoin. Il n'aurait pu les faire convenablement
fabriquer ailleurs, puisque c'était lui, les trois quarts

du temps, qui les imaginait et les modifiait selon les nécessités auxquelles il avait à pourvoir.

Plaques tournantes, aiguilles, coussinets, etc., il inventait et exécutait tout à mesure, étant à la fois directeur de travaux, ingénieur et constructeur ; suivant les mécaniciens à l'atelier, les terrassiers sur le ter-

RAILS SUR LEURS TRAVERSES.

rain, ayant un mot pour l'un, un encouragement pour l'autre, et, tout en trempant, sans s'asseoir, son pain dans sa tasse de lait pour ne pas perdre une minute, voyant ce qui faisait défaut au chantier et courant le faire fabriquer à l'usine. Il faut, pour se faire une idée juste de cette activité prodigieuse et de cette inaltérable sérénité, lire dans les ouvrages spéciaux le détail de ces difficultés de chaque jour [1] qui, chaque jour, le trouvaient prêt à les vaincre. Qu'il suffise de dire ici que jusqu'au dernier moment la question de l'emploi

---

1. Voir, sur ce point, le livre déjà cité de M. E. Jonveaux, *Quatre Ouvriers anglais.*

de la vapeur fut discutée. L'acte de concession portait
que la traction s'opèrerait « par bœufs, chevaux, ou autrement ». C'est en s'appuyant sur ces deux mots : *ou
autrement*, que Stephenson et son ami, l'excellent
Pease, firent admettre, à force d'insistance, l'emploi
des locomotives.

CHAPITRE VIII

Enfin, le 27 septembre 1825 (c'est cet anniversaire que l'on fêtait le 27 septembre 1875), l'ouverture de la voie ferrée avait lieu. Le train ne comptait pas moins de trente-huit wagons; et de plus un certain nombre de voyageurs avaient osé, pour la première fois, se confier à ce mode nouveau de locomotion. Cependant ce n'était qu'à titre d'exception; car on avait concédé le privilège du transport des personnes à un entrepreneur de diligence. Ceci ne faisait pas le compte de Stephenson, acharné à son idée de « machine voyageuse »; et il eut, pour en venir à ses fins, en démontrant la supériorité de sa machine, une de ces inspirations d'une simplicité originale.

On sait que les Anglais sont grands amateurs de paris. Stephenson en engagea un auquel on ne s'attendait guère : il fit annoncer que sa machine portait un défi à une voiture attelée d'un fort cheval. Dire les gorges chaudes qui furent faites à ce propos serait impossible. C'était à qui, parmi les ingénieurs surtout, tournerait en ridicule les prétentions de ce mécanicien de hasard, Gros-Jean qui s'imaginait en remontrer à des savants. Une des revues les plus renommées ne tarissait pas en plaisanteries sur la témérité de sa dernière imagination. Faire marcher une locomotive aussi vite qu'un cheval ! Mais autant vaudrait, en vérité, se placer devant la gueule d'un canon chargé à mitraille que de se mettre à la merci d'une machine lancée à cette vitesse infernale !

Le pari n'en fut pas moins tenu... et gagné ; ce qui ne nous étonne plus guère, n'est-ce pas ? La locomotive arriva première, pas de beaucoup, de quelques longueurs... de locomotive.

Elle pouvait faire ses quatre lieues ou quatre lieues et demie à l'heure. Une tortue trouverait que c'est peu en 1880 ; mais c'était assez joli en 1825, avec une charge à traîner, même pour un trotteur de race.

Ce succès ne fut pas stérile, et les résultats s'en firent sentir immédiatement.

D'abord, le nombre des personnes qui voulurent voyager à la vapeur s'accrut rapidement ; si rapidement qu'il fallut s'arranger avec l'entrepreneur de diligences pour lui reprendre sa concession : on ne voulait plus de sa trop lente voiture.

Ce ne fut pas tout. On avait prévu qu'on transporterait par la nouvelle voie environ 10 000 tonnes de charbon par an ; en peu de temps on arriva à 500 000, cinquante fois plus. Vers le milieu de la ligne, dans un endroit qui fut appelé à cause de cela *Middlesborough* (bourg du milieu), il y avait un terrain inculte sans aucune espèce de valeur ; la compagnie l'avait acheté à bas prix pour y établir des dépôts et des hangars. Il s'y installa quelques cantines et quelques ateliers qui en appelèrent d'autres. Des maisons et des usines s'élevèrent, et peu d'années plus tard Middlesborough était une ville industrieuse de 25 000 habitants, alimentée par le chemin de fer, et lui rendant sous d'autres formes ce qu'elle avait reçu de lui. Elle est devenue, depuis, l'un des centres les plus actifs de la fabrication du fer, et a atteint jusqu'à 75 000 habitants.

CHAPITRE IX

Transportons-nous à un demi-siècle de distance, à ces *noces d'or des chemins de fer* célébrées, le 27 septembre 1875, avec tant d'entrain, par toute l'Angleterre, et ce sera bien autre chose.

Voici (je prends, pour ainsi dire, au hasard) ce qu'on lisait à cette époque dans l'*Observateur de Rochdale* (*Rochdale Observer*), n° du 2 octobre :

« Le chemin de Darlington, d'une longueur de 10 milles environ (16 kilomètres), a coûté 125000 livres sterling (à peu près 3 125 000 francs). Ce n'était pas une petite entreprise pour le temps, et certes ceux qui en ont été les promoteurs étaient des gens qui ne manquaient pas de hardiesse. On peut dire cependant qu'ils ne s'étaient guère doutés eux-mêmes de l'importance de la pacifique révolution qu'ils accomplissaient, et que leurs rêves les plus audacieux étaient loin de la réalité.

« En 1874 (cela n'a fait que s'accroître depuis), il y avait dans la Grande-Bretagne seule, sans parler du reste du monde, 16449 milles (plus de 25 000 kilomètres) de chemins de fer, dont plus de moitié à deux voies. Il avait été transporté, dans l'année 1874, plus de 478 millions de voyageurs, ayant payé pour leurs déplacements plus de 22 millions de livres sterling (environ 500 millions de francs). L'ensemble des recettes était de près de trois fois autant, plus de 59 millions sterling (ou 1500 millions de francs en chiffres ronds); et la progression était telle, que ce chiffre était le double de celui de 1861. Les distances parcourues étaient de 200 millions de milles (soit à peu près 300 millions de kilomètres).

« Tout cela, disait avec raison le *Rochdale Observer*, est dû à Georges Stephenson, et presque autant à la famille des Pease. Au début, la ligne nouvelle s'appefait la *ligne des Quakers;* et au jubilé on découvrit une statue de Joseph Pease. »

CHAPITRE X

Et que l'on ne crie pas, en lisant ces lignes, à l'exagé-
ration et à l'enthousiasme. Il serait plus juste de dire
que toutes ces louanges sont bien au-dessous de la réalité ; et bien autre, à vrai dire, est la portée de l'œuvre
de Stephenson. Lui-même, quoi qu'en semble penser
le *Rochdale Observer*, voyait plus loin ; et c'est là peut-
être ce qui montre le plus la hauteur de son esprit et
la noblesse de son âme. La « machine voyageuse » n'était
pas seulement pour ce grand homme un moyen de
faire plus d'affaires et de gagner plus d'argent ; c'était
un agent de relèvement et de soulagement pour les
petits et les faibles, un instrument d'émancipation,
d'égalisation, de rapprochement ; un trait d'union entre les hommes et un agrandissement de leur domaine
commun en même temps qu'une augmentation de leur
part de vie ici-bas. Que l'on écoute, si l'on en doutait,
ces paroles adressées par lui à son fils et à l'un des
amis de celui-ci, John Dixon :

« *Mes enfants, un jour viendra, et vous vivrez, je
pense, assez longtemps pour le voir, où les voies ferrées
remplaceront dans ce pays tous les autres moyens de
communication ; elles serviront aux dépêches et de-*

viendront le grand chemin du roi et de ses sujets. Le temps approche où il sera moins coûteux à un ouvrier de voyager sur les railways que de marcher à pied. Je sais qu'il y aura de grandes, presque d'insurmontables difficultés à vaincre; mais ce que je dis arrivera aussi sûrement que le soleil se lèvera demain. Je voudrais vivre assez pour être témoin de ces choses; pourtant j'ose à peine l'espérer, car je sais combien le progrès humain est lent. Je me rappelle avec combien de peine j'ai fait adopter la locomotive, malgré le succès de l'expérience continuée depuis plus de dix ans à Killingworth. »

Cette belle prophétie a été accomplie; elle l'a été par les mains mêmes de celui qui l'avait faite. Le grand inventeur a été « témoin de ces choses »; et il a « vécu assez » pour être en droit de se dire que l'humanité, grâce à lui, avait fait un pas et que les bornes de la vie étaient reculées.

Reculer les bornes de la vie, allonger la vie : ne semble-t-il pas, au premier abord, que ce soit là une ambition interdite à l'homme? Et cependant qu'a à faire d'autre l'homme ici-bas, et à quoi, si ce n'est à cela, peuvent tendre tous ses efforts et tous ses progrès? Mais il faut s'entendre. L'homme, sans doute, si l'on prend les choses à la lettre, ne peut « ajouter ni une coudée à sa taille », ni une heure à son existence. Mais l'homme peut (et cela ne revient-il pas au même?), en se dotant d'organes que la nature ne lui avait pas donnés, en faisant disparaître devant lui les obstacles qui arrêtaient ses pas, accroître dans des proportions incalculables la puissance effective de ses mouvements et faire tenir dans le même espace de temps une somme d'actes, de vie par conséquent, infiniment plus grande.

Est-ce que les machines, depuis la plus petite jusqu'à la plus colossale, depuis le fuseau jusqu'au banc à broches et depuis la première pierre ramassée par un sauvage jusqu'au marteau-pilon, ne sont pas autant de membres ajoutés à nos membres?

Est-ce que les chemins de fer, pour ne parler que d'eux, chaque fois qu'ils nous font gagner une heure, ne nous sauvent pas une heure de notre vie?

Et l'accumulation de ces heures, ainsi épargnées chaque jour à des milliers et des millions d'homme, ou représente-t-elle pas au bout de l'année, des centaine et des milliers d'existences, rendues disponibles pour d'autres emplois[1]?

C'est donc bien réellement une augmentation de la vie; et c'est en même temps, et par cela même, de l'égalisation dans le meilleur sens du mot, de l'égalisation qui n'abaisse personne et qui relève tout le monde. Le jour où le territoire de la France, d'une extrémité à l'autre, a été sillonné de rails, et le jour où sur ces rails locomotives et wagons ont roulé jour et nuit, toujours prêts à recevoir, pour une somme relativement minime, quiconque a besoin de leurs services, l'obstacle de la distance et du temps a été réduit dans une mesure presque égale pour tous, pour le riche comme pour le pauvre.

Stephenson avait donc raison : c'était le grand chemin de tous qu'il ouvrait ; et tous, petits ou grands, en ont profité.

Et c'est à ce signe, qui ne trompe pas, que se reconnaissent les choses vraiment bonnes. Tout ce qui agrandit l'humanité, tout ce qui accroît sa richesse et sa puissance, bien loin de séparer, comme on le dit

---

1 Voir, à l'appendice, la note K.

trop souvent, les hommes les uns des autres, bien loin de creuser entre eux des fossés et des abîmes, tend à les rapprocher, au contraire, en les portant ensemble vers un niveau plus élevé. Ainsi le flot, quand il monte, soulève à la fois et la modeste barque et le puissant navire.

CHAPITRE XI

Mes jeunes lecteurs vont se dire après cela, j'en suis sûr : «Voilà qui est bien, et nous en sommes fort aises, car nous en profitons tous les jours. Stephenson a eu du mal, mais enfin il est parvenu à son but. Il a fait, en 1825, adopter les chemins de fer. Faisons comme les Anglais, rappelons-nous cette date mémorable, et battons des mains. »

Hélas ! non; la routine, surtout la routine des savants (j'en demande bien pardon aux savants qui pourraient me lire), ne désarme pas si aisément. Que ceci, une fois encore, serve de leçon aux gens qui, sans être des Watt et des Stephenson, et sans avoir comme eux fait leurs preuves, se plaignent de n'être pas compris, et prennent en pitié ou en horreur l'imbécillité du genre humain.

Voilà un homme qui, depuis qu'il était au monde, avait réussi, pour ainsi dire, dans tout ce qu'il avait entrepris; un homme qui, indépendamment de tous ses autres travaux, avait construit deux voies ferrées et mis sur ces voies des machines de sa façon, chaque jour passant et repassant, comme des preuves vivantes de son mérite, sous le regard de tous. Déjà, quoique ce ne fût que le début de l'ère nouvelle ouverte par lui, il avait accru dans des proportions considérables la circulation, et par conséquent la production des richesses dans son pays. Les esprits vraiment supérieurs étaient en admiration devant son génie; et l'un des premiers ingénieurs du temps, M. James, après s'être entretenu avec lui et avoir examiné ses œuvres, n'hésitait pas à dire que c'était le plus grand constructeur pratique de la Grande-Bretagne. Et cet homme, ce même homme, lorsque peu de temps après il fut chargé d'étudier un chemin de fer entre Manchester et Liverpool, rencontra les mêmes objections, se heurta aux mêmes difficultés, et de nouveau se vit traiter de fou et de visionnaire, absolument comme s'il n'avait rien produit, ou comme si ses premiers succès n'avaient abouti qu'à exciter l'envie sans désarmer l'incrédulité !

CHAPITRE XII

D'abord ce ne fut pas sans peine que fut arrachée au Parlement, et avec des restrictions regrettables, la concession indispensable pour entreprendre les travaux. Jamais cependant ligne ne fut plus naturellement indiquée. Liverpool, tout le monde le sait, est un grand port où l'on reçoit, entre autres choses, les cotons qui arrivent d'Amérique ; et Manchester, distante de 54 kilomètres, est le grand centre industriel où ces cotons vont se faire travailler. De Liverpool à Manchester les relations sont donc incessantes. Il faut que la matière première arrive vite au métier, qu'elle y arrive en tout temps, et qu'elle y arrive à aussi bas prix que possible. Or entre Liverpool et Manchester la route, vers la fin du siècle dernier, était telle qu'un Anglais resté célèbre par le récit de ses voyages en France, Arthur Young, la représentait comme une véritable fondrière, dans laquelle on avait toutes les chances possibles de laisser au moins quelqu'un de ses membres.

Un grand seigneur, un membre éminent de cette aristocratie anglaise qui depuis longtemps donne l'exemple de l'activité industrielle, le duc de Bridgewater, frappé de l'insuffisance des transports par terre, et plus spécialement de la difficulté qu'il éprouvait à écouler les produits de ses houillères de Worsley, à peine distantes d'une douzaine de kilomètres de la grande cité manufacturière, avait eu l'idée d'ouvrir un canal entre les deux villes, et il avait par là rendu un grand service au pays, tout en faisant une très belle affaire. Mais ce canal avait ses chômages, gelée, sécheresse, curage, et le reste. Il ne suffisait pas toujours aux besoins ; et de plus, étant l'unique voie, il était investi d'un privilège de situation qui le rendait maître des prix. Une concurrence était nécessaire, et une voie ferrée était évidemment la concurrence indiquée. Mais ceci ne faisait plus l'affaire du duc de Bridgewater, qui avait trouvé bon de faire, avec son canal, concurrence aux voituriers de la route, mais qui ne trouvait pas bon que l'on vînt, avec un chemin de fer, faire concurrence à son canal : il était fier de travailler pour le bien public, ce duc, mais il tenait à ne partager avec personne la gloire de rendre service au commerce et à l'industrie.

Et cela ne plaisait guère davantage aux autres grands seigneurs, propriétaires de châteaux, de parcs et de bois, qui se voyaient exposés à être atteints par le futur chemin de fer.

Tous se liguèrent contre Stephenson et les capitalistes qui demandaient la ligne. Lorsqu'il s'agit de lever des plans sur le terrain, ordre fut donné par lord Derby et par les autres landlords à tous leurs gens de chasser impitoyablement, de partout où on le rencontrerait, ce maudit Stephenson et sa clique. Un mot peint bien l'état de leur esprit à cette époque : « J'aimerais mieux, disait l'un d'eux, voir dans le canton une bande de brigands qu'un seul ingénieur de cette espèce. »

En présence d'un tel mauvais vouloir, force était de ruser : Stephenson rusa ; mais ses ruses étaient bien innocentes. En voici une entre autres. Quand la nuit était claire et que la lune en son plein semblait inviter les braconniers à sortir, il envoyait des hommes à lui tirer des coups de fusil inoffensifs sur quelque point opposé à celui où il avait affaire. Les gardes, inquiets pour le gibier de Leurs Seigneuries, se précipitaient à la recherche des maraudeurs supposés ; et pendant ce temps, Stephenson, avec ses instruments et ses aides, faisait à la hâte et tant bien que mal le lever de ses plans. Quelque habile qu'il fût, il lui échappa bien quelques erreurs, et Dieu sait si plus tard on s'en prévalut contre lui.

Il en vint à ses fins cependant, puisque le chemin se fit ; et pas trop mal, en somme. Mais, avant d'en arriver là, il lui fallut comparaître à plusieurs reprises devant une commission d'enquête, et il eut de durs moments à passer. Des hommes qui n'étaient pas les premiers venus cependant, mais que le parti pris aveuglait, le traitèrent non seulement avec une malveillance, mais avec un dédain qui semblent aujourd'hui bien étranges.

Parmi les questions plus ou moins saugrenues par lesquelles on croyait l'embarrasser, un des nobles commissaires lui posa sérieusement celle-ci : « Mais, monsieur, est-ce que la marche de vos trains ne sera pas incessamment contrariée par le vent[1] ? » Le vent gêne en effet quelquefois ; il est arrivé même, dans quelques cas exceptionnels, qu'il ait causé des retards ou des accidents. Le plus grave est la récente catastrophe du pont sur le Tay, attribuée en partie du moins au balancement de ce pont sous l'effort de la

1. Rappelons à ce propos qu'avant de songer sérieusement à la locomotion à vapeur, quelques esprits en quête de nouveauté avaien imaginé de se servir de voitures à voile.

tempête. Mais ce ne sont pas là des cas ordinaires; et, après tout, le vent maltraite les navires et déracine les arbres ou renverse les cheminées, ce qui n'a pas paru une raison suffisante pour supprimer tout cela.

Un autre lui dit : « Mais si une vache venait à s'introduire sur votre ligne ferrée, est-ce que ce ne serait pas une chose grave? »

« Assurément, mylord, répondit Stephenson avec le même sérieux, ce serait grave, très grave même... pour la vache.

Ne rions pas trop, nous autres Français, car nous avons nos poutres, nous aussi, et l'histoire serait longue de nos entêtements et de nos préventions. Lorsqu'il s'agit de faire la ligne de Tours à Nantes (c'était vers 1845, il y avait longtemps par conséquent que les chemins de fer avaient fait leurs preuves), les Nantais, fort désireux d'obtenir cette ligne, envoyèrent des délégués plaider leur cause auprès de la commission de la Chambre des députés d'alors, à laquelle était renvoyée l'étude de ces questions. Parmi les éléments de trafic qu'ils avaient cru pouvoir indiquer comme de nature à alimenter les transports, ces délégués avaient fait figurer les bœufs de l'Anjou, destinés à l'alimentation de Paris.

« Des bœufs en chemin de fer! s'écria l'un des principaux membres de la commission; ah! par exemple, vous ne me ferez pas avaler celle-là[1]. »

L'homme qui faisait cette réponse était un homme supérieur et un homme éminemment pratique. Inutile de le nommer; il vit encore, et c'est l'une des plus grandes figures de ce temps. Mais tout le monde sait

---

1. Je tiens le fait de M. Chérot, directeur de la *Réforme des chemins de fer*, l'un des délégués, qui a bien voulu m'autoriser à le nommer.

que M. Thiers, plusieurs années après l'ouverture de
la ligne de Liverpool à Manchester, regardait la ligne
de Saint-Germain comme un joujou bon à amuser
les Parisiens, et ne craignait pas d'affirmer qu'on
ne construirait pas en France cinq lieues de chemins
de fer par an.

Telle est, même chez les plus vifs esprits, la force
de la prévention et la puissance de l'habitude.

Mais Stephenson, avec sa bonhomie tout à la fois
sérieuse et narquoise, avait réponse à tout; et, grâce
à sa persévérance et à celle de ses amis, la concession
à la fin fut obtenue et maintenue. Il en resta l'ingénieur; et c'est alors plus que jamais qu'on le vit dé-
ployer toutes les ressources de son esprit inventif.
C'est alors surtout qu'enfin sûr de lui, on le vit abor-
der les obstacles avec une hardiesse qui émerveillait
les constructeurs les plus entreprenants et forcer, par
les coups d'audace qui étaient des coups de génie,
l'admiration de ses détracteurs eux-mêmes. Un trait
entre autres mérite d'être cité.

CHAPITRE XIII

Parmi les difficultés que présentait la construction de la ligne de Liverpool à Manchester, la plus effrayante était l'obligation de franchir non plus une montagne, mais une tourbière, la tourbière de Chatmoss, d'une largeur de dix milles (16 kilomètres). On se figure aisément les objections des gens sérieux et les plaisanteries de ceux qui ne l'étaient pas. Jeter des rails à travers ce marécage ; faire passer des locomotives, avec leur masse écrasante, sur ce sol mouvant, dans lequel les chevaux s'embourbaient et les hommes même n'étaient pas toujours assurés de ne pas enfoncer ! Jamais on n'avait rêvé pareille folie.

C'était hardi, tout au moins ; et un autre que Stephenson aurait probablement cherché à tourner la difficulté, ou tout au moins à la réserver pour la fin. Il fit tout juste le contraire, et ce fut par la tourbière qu'il attaqua le travail. C'est ce qu'on appelle en langue vulgaire prendre le taureau par les cornes. Quand on le tient par là, et qu'on est de force à le tenir, il n'est plus à craindre. Mais il faut être de force. « Quand j'aurai eu raison de la tourbière, se disait Stephenson, il faudra bien qu'on ait confiance en moi pour le reste.

Son procédé fut simple d'ailleurs ; si simple qu'on

ne manqua pas de le trouver naïf. Il consista à établir, pour ainsi parler, une digue flottante à travers la tourbière, en faisant jeter sur la ligne que devait parcourir la voie de fer des débris de toute sorte : fagots, fascines, brindilles, destinés à se prendre peu à peu dans le sol et à former, en se liant, une masse à la fois souple et résistante. On ne s'y épargna pas ; mais plus on en mettait, et plus il en fallait mettre. Au premier moment cela avait l'air de tenir, mais le lendemain il n'y avait plus rien, et c'était toujours à recommencer.

Et les uns naturellement de rire, les autres de se décourager ; tous de se demander jusqu'à quand cet entêté de Stephenson s'obstinerait à remplir ce tonneau sans fond.

Stephenson, lui, demeurait impassible, répétant tranquillement sa devise : *Persévérance*. Il la répéta si bien qu'un beau matin, à force de persévérer, on vit un petit espace, quelques mètres peut-être, commencer à tenir réellement sous la charge. Et ce petit espace s'étendit en continuant de s'affermir. Et la confiance reprit ; et, le travail s'activant avec la confiance, en quelques jours on vit un long ruban s'allonger, prêt à recevoir les rails, à travers la tourbière. Et qu'arriva-t-il ? C'est que ce sol factice fut la meilleure partie de la voie, la plus solide et la plus sûre.

CHAPITRE XIV

Certes le fait est curieux et intéressant par lui-même, comme exemple de ces conceptions simples et grandioses par lesquelles les grands esprits aiment à résoudre les grands problèmes. Mais n'est-il pas remarquable surtout comme leçon, d'une application aussi générale que féconde ; et n'avons-nous pas, tous tant que nous sommes, à en faire notre profit ?

Supposons que Stephenson, au lieu de persévérer, selon sa devise, jusqu'au succès, se fût arrêté, ne disons pas un jour, mais une heure, une heure seulement avant l'heure du succès : que serait-il resté de sa pensée, de ses travaux et des dépenses de la compagnie ? et à quoi aurait servi tout ce qui avait été fait jusque-là ? A rien, sinon à mettre à l'actif de la routine un insuccès de plus ; à permettre à ceux qui doutent toujours et qui doutent de tout de répéter leur éternel refrain de défiance et de découragement ; et à faire peser sur le reste de la vie du grand ingénieur un renom en apparence justifié de présomption et de témérité. Même après un tel coup de maître, toutes les hostilités ne désarmèrent pas encore : quel n'aurait pas été leur déchaînement en présence d'un échec ? Sa réputation naissante se fût engloutie, avec le reste, dans la tourbière. Le chemin de Liverpool à

Manchester, remis à d'autres temps, eût été construit,
Dieu sait quand, et Dieu sait par qui et comment. Et
la vraie « machine voyageuse », qui n'était qu'en germe
encore dans les premières locomotives d'Hetton et de
Darlington, se serait fait attendre de longues années
peut-être. Il a tenu bon, et en un instant tout ce qui
était vain est devenu utile, tout ce qui était mouvant
est devenu solide, tout ce qui était perdu a repris valeur.

Est-ce qu'il n'en est pas ainsi, mes chers enfants,
dans toutes les voies, et dans toutes les conditions?
S'arrêter avant d'avoir atteint le but, n'est-ce pas,
dans la plupart des cas, avoir perdu son temps et sa
peine? « Avec de la patience, dit le bonhomme Richard, une souris coupe un câble; et de petites en-
tailles répétées abattent un grand chêne. » Tous les
coups de dent de la souris et tous les coups de hache
du bûcheron se valent, au fond ; et le dernier n'en en-
lève pas toujours plus gros que les autres. Mais c'est
le dernier qui achève ce que les autres ont préparé; et
sans lui l'arbre resterait debout, sauf à tomber par
accident plus tard, et le câble tiendrait encore.

CHAPITRE XV

Le passage de la tourbière de Chatmoss ne fut pas, cela va sans dire, le seul travail difficile qui exerça le talent et l'activité de Stephenson ; mais, à côté de celui-là, tout le reste pouvait paraître secondaire. Il n'eut pas cependant, dans ce court trajet de 54 kilomètres, moins de soixante-trois ponts à élever, sans compter un tunnel à creuser (on commençait à ne plus reculer devant les percements) et un viaduc à construire. Pour un début ce n'était pas déjà si mal.

Cependant les directeurs de la compagnie n'étaient pas satisfaits : ils auraient voulu voir arriver le moment de toucher des dividendes, et en 1829, l'un d'eux, M. Cropper, fit appeler Stephenson, et l'apostrophant un peu vivement :

« Georges, lui dit-il, il faut que le chemin de fer soit terminé dans le plus bref délai ; nous avons résolu de l'inaugurer le 1ᵉʳ janvier prochain.

— Le 1ᵉʳ janvier prochain ! répondit celui-ci. Mais monsieur, pensez à l'importance des travaux, réfléchissez que le manque d'argent nous a plus d'une fois arrêtés. Ce que vous demandez est impossible.

— Impossible ! On voit bien que vous n'avez jamais eu affaire à Napoléon ; il vous aurait appris à rayer ce mot de votre dictionnaire. »

Stephenson aimait-il beaucoup Napoléon? Il se pourrait que non, et il faut reconnaître qu'il avait bien quelques raisons pour cela. Toujours est-il que l'argument ne lui parut pas sans réplique. Il avait montré ce qu'il valait maintenant, et il avait le droit de le savoir. Aussi, relevant la tête sous le reproche et regardant en face son interlocuteur, à son tour un peu surpris :

« Soit, monsieur, lui dit-il; en ce cas, donnez-moi des ouvriers, donnez-moi de l'argent, et je vous ferai ce que votre Napoléon, avec toutes ses armées, n'aurait jamais été capable de faire. »

La suite prouva qu'il n'en avait pas trop dit.

Non qu'il soit permis de parler légèrement de Napoléon, même comme ingénieur. Napoléon avait assurément la conception rapide, le coup d'œil perçant, une activité incessante et un esprit d'organisation poussé jusqu'aux moindres détails. Il est probable que, s'il eût appliqué ses puissantes facultés à l'art de construire, au lieu de les appliquer à l'art de détruire, il y aurait excellé; et c'eût été certes tout profit pour l'humanité et pour lui. Eût-il cependant, avec tout son génie, égalé Stephenson? On peut pour le moins en douter. Étant ce qu'il a été, un grand homme de guerre et le chef du plus colossal empire des temps modernes, ni sa puissance, qui ne connaissait pas de bornes, ni sa volonté, qui ne souffrait pas d'obstacles, n'auraient suffi à réaliser ce qu'allait accomplir ce simple ouvrier, fils de ses œuvres, devenu, à force de travail, de persévérance et d'énergie, aussi utile au monde que les conquérants lui sont nuisibles.

CHAPITRE XVI

On donna à Stephenson ce qu'il demandait, et il fit ce qu'il avait promis.

Il fit même davantage, car avec le chemin de fer qui lui était confié il fournit une locomotive nouvelle et sur laquelle on n'avait pas été en droit de compter.

Les locomotives antérieures, on l'a vu, même les siennes, laissaient encore beaucoup à désirer, et tout le monde, parmi les concessionnaires de la ligne, n'était pas fixé sur les mérites de la « machine voyageuse ». Aussi y avait-il, même à ce moment, des gens qui résistaient à leur emploi et parlaient d'en revenir aux moteurs animés. Stephenson, à force d'insistance, détermina la compagnie à ouvrir un concours et à promettre un prix pour la meilleure locomotive qui, à une époque donnée, lui serait présentée. Il y avait, bien entendu, à satisfaire à certaines conditions de force, de vitesse et de dépense [1].

1. La commission chargée d'étudier la question du moteur était à peu près unanime à reconnaître que l'emploi des chevaux serait impossible, à raison de l'activité des transports; mais elle hésitait entre les machines fixes et les machines locomotives. Deux ingénieurs, plus spécialement consultés, semblaient pencher pour les machines fixes, préférables, à leur avis, au point de vue de la dépense d'exploitation. Ce fut cette opinion que combattit Stephenson, et c'est à la suite de ses observations que l'un des directeurs, M. Harrison, fit adopter l'idée d'un concours public.

Le concours ne fut pas stérile, et au jour marqué, le 6 octobre 1829, cinq machines, cinq chevaux de fer, prêts pour cette course d'un nouveau genre, vinrent

LA FUSÉE.

prendre place sur la ligne, attendant le signal du départ.

Quelle différence, soit dit sans offenser messieurs les purs-sangs et messieurs les jockeys, voire même messieurs les amateurs qu'attirent sur les hippodromes les luttes d'Epsom ou de Longchamp; quelle différence entre les tours de force inutiles de quelques animaux de luxe, incapables, la plupart du temps, de faire un service sérieux ou de soutenir une marche régulière, et la rivalité féconde de ces fortes bêtes de travail qui venaient se disputer l'honneur de mettre à la disposition du genre humain leurs membres infatigables et leurs poumons d'airain !

Il en fut d'ailleurs comme dans les courses ordinaires. Le signal donné, tous les prétendants ne se trouvèrent pas en état de fournir carrière. L'un, ne répondant pas aux conditions du concours, fut exclu ; un second, ne se trouvant pas en mesure d'affronter la lutte, se retira plus ou moins éclopé ; un troisième, après un assez brillant début, dut s'arrêter à la suite d'un accident ; deux seulement arrivèrent, et l'un des deux avec une supériorité évidente sur son rival. C'était une machine appelée *la Fusée*, qui faisait ses six lieues à l'heure, avec une charge de douze tonnes, et dix lieues sans charge[1]. Le prix lui fut adjugé sans hésitation ; et lorsque, toutes vérifications faites, il s'agit de proclamer le vainqueur, on trouva qu'elle était signée de deux noms, ceux des *ingénieurs Georges et Robert Stephenson*. Le père et le fils avaient uni leur science et leur talent pour construire cette merveille.

Merveille est bien le mot ; car cette locomotive, c'est celle que nous connaissons, ni plus ni moins.

Assurément on y a fait, et on y fera tous les jours,

---

1. On trouvera dans le livre déjà cité de M. L. Figuier les conditions de ce concours et un résumé des diverses expériences auxquelles il donna lieu. L'une des plus importantes fut celle dans laquelle la *Fusée*, après avoir marché horizontalement, avec une voiture contenant trente-six voyageurs, à la vitesse de dix lieues à l'heure, remonta, traînant toujours cette voiture, un plan incliné avec une vitesse de quatre lieues. Jusqu'alors on avait admis qu'on ne pourrait s'en servir que sur des terrains absolument horizontaux.

des améliorations, des perfectionnements, dont certains ont de l'importance; mais ce ne sont cependant que des perfectionnements de second ordre. Dans ses grands organes, dans ses dispositions essentielles, la *Fusée des Stephenson* est restée le type du genre.

CHAPITRE XVII

« La *Fusée* des Stephenson, » disait-on en 1829. On le dit encore, on le dira toujours probablement, et l'on n'a pas tort; car cette belle machine était bien leur œuvre.

Ce n'était pas leur œuvre à eux seuls cependant, et il y a un troisième nom (qui ne fut pas prononcé alors, et qui peut-être n'était pas connu des juges), dont elle doit en bonne justice être signée pour nous et pour la postérité.

Ce nom, c'est celui qui a été rappelé plus haut, le nom de Marc Séguin.

Séguin certes n'a pas fait la locomotive des Stephenson; il ne la connaissait même pas : mais sans Séguin les Stephenson auraient été bien embarrassés pour la faire. Et c'est ainsi, constatons-le une fois de plus, que le génie n'a pas de patrie. C'est ainsi, pour mieux dire, que les facultés créatrices des hommes et des peuples, en se mêlant, se complètent, se perfectionnent, se fécondent les unes par les autres; et que ce qui aurait été impossible à un seul, fût-il le plus admirablement doué, devient possible et quelquefois facile à plusieurs par la réunion des aptitudes et des forces.

Marc Séguin, qui le premier, on l'a vu plus haut, a construit dans notre pays une voie ferrée pour l'exploitation des houillères de la Loire, n'avait pas inventé la chaudière à vapeur; mais il avait eu, à l'occasion de cette chaudière, une idée qui était un trait de lumière. Il avait imaginé de la rendre tubulaire.

Qu'est-ce que c'est que cela, une chaudière tubulaire?

Que l'on se rappelle un instant ce qui se passait dans

la chaudière de Cugnot. On mettait tout bonnement du feu sous une marmite pleine d'eau, comme on le fait dans nos cheminées, et on attendait que le feu, en faisant bouillir l'eau, eût produit de la vapeur; puis on dépensait cette vapeur, et on recommençait.

Plus tard, on fit passer la flamme et les gaz chauds dans un tube qui traversait la chaudière, à peu près comme dans certains appareils à lessive de nos jours. Cela valait mieux; mais qu'on songe à l'importance

de la masse d'eau et à l'étendue relativement bien
restreinte de la surface par laquelle cette eau se trouvait en contact avec le tuyau. C'était à perdre patience.

Séguin perdit patience, heureusement, et il se
dit : « Mais si, au lieu de ce gros bête de tube qui tra-
verse ainsi tranquillement l'eau à chauffer, je mettais
là dedans, entre le foyer et la cheminée, dix, vingt,

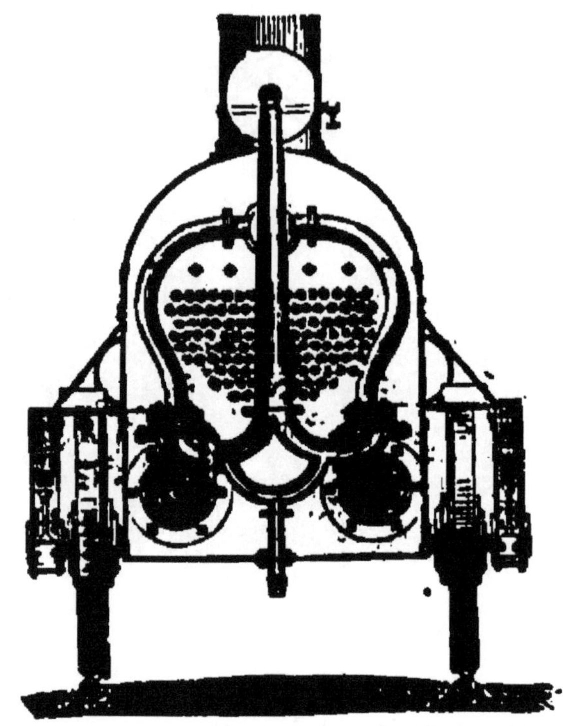

COUPE TRANSVERSALE D'UNE LOCOMOTIVE A CHAUDIÈRE
TUBULAIRE.

trente, cinquante tubes de petit diamètre, qui pré-
senteraient à cette eau une multitude de points de
contact, je multiplierais d'autant ce qu'on appelle la
surface de chauffe, et par suite l'échauffement. » Et il
le fit comme il le dit, obtenant ainsi dans une seule

CHEMIN DE FER. — LOCOMOTIVE EN MARCHE.

chaudière jusqu'à 200 mètres de surface de chauffe. Il avait, d'un coup, décuplé et au delà l'effet utile du foyer et réalisé un progrès analogue, supérieur même, à celui qu'avait obtenu Stephenson par son tuyau soufflant [1].

Oui, mais... il y avait un mais, un gros mais. Pour obtenir *en fait* de la chaudière tubulaire ce qu'*en principe* elle devait donner, il fallait qu'elle tirât bien ; et elle tirait fort mal. La flamme est subtile sans doute : elle n'est pas sans volume cependant, la fumée encore moins ; et elles éprouvaient de la difficulté à s'engager dans ces tuyaux étroits. Il leur semblait plus facile de refluer en arrière ; les foyers *tiraient la langue*, comme disent les boulangers quand leurs fours repoussent, et la plus grande partie du bénéfice rêvé restait perdue [2].

L'invention cependant avait été appréciée, et l'on avait placé des chaudières de Séguin sur quelques bateaux du Rhône ou de la Saône.

Il se trouva qu'un Anglais, qui voyageait dans le midi de la France et qui avait apporté de son pays la détestable habitude (que je vous recommande, mes chers lecteurs) de se servir de ses yeux pour regarder autour de lui et de son intelligence pour essayer de comprendre ce qu'il voyait, prit passage sur un de ces bateaux. Il remarqua cette chaudière, si différente de celles qu'il avait vues ailleurs, et se la fit expliquer. Revenu dans son pays il en parla, et Stephenson fut de ceux à qui il en parla. Ce n'était pas crier dans l'oreille d'un sourd. « Fameuse idée tout de même, se dit celui-ci, et à laquelle il ne manque qu'une chose :

1. Voir, à l'appendice, la note *M*.
2. Voir, à l'appendice, la note *N*.

un moyen d'activer le tirage. Mais je l'ai, moi, ce moyen : c'est mon tuyau soufflant, qui fait appel dans la cheminée à l'avant de la chaudière. Avec lui, je saurai bien peut-être attirer les gaz chauds et les forcer à circuler rapidement dans tous ces petits tubes si ingénieusement disposés. »

Aussitôt dit, aussitôt fait ; et ainsi, de l'union de la chaudière tubulaire de Séguin avec le tuyau soufflant de Stephenson, naquit, entre les mains de ce dernier, la véritable locomotive, celle qui devait enfin faire entrer dans la pratique courante et universelle l'emploi de la locomotion à vapeur [1].

Ainsi, sans s'être jamais vus, ces deux grands hommes se trouvèrent unis pour doter leurs pays, l'Angleterre et la France, et par suite le monde entier, de ce grand engin de vitesse et de force, qui, réalisant la belle pensée de saint Jean Chrysostôme, tend à faire de l'univers un seul atelier, une seule demeure, une seule famille, et grâce auquel peut-être, apprenant à se mieux connaître et à se mieux servir, les nations renonceront un jour à employer le meilleur de leurs ressources à se déchirer et à se dévorer mutuellement, et parviendront à s'aimer en mettant en commun tout ce qu'elles ont de bon, d'utile et de véritablement humain.

II. — Inauguration de la ligne.

Le 14 juin 1830, le chemin de Liverpool à Manchester fut inauguré, à la plus grande gloire des Stephenson père et fils. Et si malheureusement ce jour n'avait été marqué par un accident grave, la

1. Voir, à l'appendice, la note N.

mort du grand ministre Huskisson[1], le prédécesseur de Cobden et de Peel dans la politique de la liberté commerciale, dont les chemins de fer sont l'instrument prédestiné, c'eût été un jour de joie sans mélange et d'unanime allégresse.

Les résultats ne se firent pas attendre. Le nombre des voyageurs tripla immédiatement, et le reste fut à l'avenant.

III. — Popularité de Stephenson. — Sa simplicité dans la prospérité.

Cette fois, la cause était gagnée, et Stephenson, décidément adopté par la nation anglaise, ne rencontra plus que de vagues souvenirs des anciennes difficultés qu'il avait vaincues. Il fut même comblé, comme l'avait été jadis Davy, et il n'eût tenu qu'à lui d'accumuler sur sa tête tous les honneurs. On voulut le faire baronnet, lui aussi, lui donner un siège au Parlement, et le décorer de l'ordre de la Jarretière : ce qui, vu le le petit nombre des membres parés de cet insigne, est une distinction des plus hautes. Des souverains même s'en sont montrés fiers. Il refusa tout, prétendant que la Jarretière ne lui rendrait pas ses jambes de vingt ans et que la tribune ne ferait jamais de lui un homme é'oquent; il parlait, paraît-il, avec une certaine difficulté, comme il arrive souvent aux hommes qui pensent avec le plus de profondeur, et n'avait pas perdu tout vestige de l'accent et du dialecte des mineurs. Il resta donc Georges Stephenson tout simplement.

Il en est plus d'un, sans médire de personne, qui aurait bien fait de suivre son exemple et de comprendre qu'on peut exceller en une chose et fort mal réussir en une autre; être, par exemple, un grand ingénieur ou

---

1. Voir, à l'appendice, la notice P, sur Huskisson.

un industriel de premier ordre, et ne faire qu'un très mauvais politique ou un très pauvre orateur.

Robert Peel, qui était un grand ministre, mais qui était en même temps un vrai bourgeois et qui n'oubliait pas que son père avait, lui aussi, fait sa fortune par son travail, réussit une fois ou deux à l'attirer à son manoir de Drayton-House ; mais en général il se tint sur la réserve et se garda bien non seulement de courir après les hauts personnages de l'aristocratie anglaise, mais même de leur ouvrir trop facilement sa porte et ses oreilles.

Les choses étaient bien changées, en effet ; et c'était à lui maintenant qu'on faisait des avances. Les mêmes grands seigneurs qui naguère l'avaient abreuvé de dégoûts et fait ignominieusement chasser de leurs terres comme un malfaiteur, venaient, rentrant leur morgue et montrant patte blanche, rendre hommage à « l'illustre constructeur dont la Grande-Bretagne était fière », et solliciter humblement de lui quelque bout de chemin de fer ou quelque gare à leur convenance, qui leur permît de se rendre plus commodément à leurs châteaux ou de mieux exploiter leurs bois, leurs carrières ou leurs mines. Il aurait eu beau jeu, s'il avait été homme de rancune, à se moquer à son tour de ceux qui s'étaient moqués de lui et à leur rendre à loisir la monnaie de leurs dédains et de leurs avanies. Mais c'était une âme sans fiel, et il se bornait à dire parfois à son fils, avec son honnête sourire, quand l'obséquiosité d'aujourd'hui avait par trop contrasté avec l'impertinence d'hier :

« As-tu remarqué, Robert, comme la figure des gens change suivant le temps qu'il fait. Ce monsieur-là n'avait pas du tout si bonne mine la première fois que nous l'avons vu. »

Il était devenu cependant le plus grand constructeur de son pays, et bientôt du monde. Après avoir terminé le réseau de Manchester, il réunit Manchester à Birmingham, puis Birmingham à Londres. Il alla en Belgique, où le roi Léopold, bon juge du mérite, lui fit l'accueil dont il était digne; en France, où il nous construisit la ligne de Paris à Rouen et celle d'Avignon à Marseille; en Italie, en Espagne, en Égypte, etc.

C'est par lui, pour le dire en passant, que furent introduites sur le continent ces escouades d'ouvriers anglais, appelées *navies* (équipes), qui, associés par groupes pour l'entreprise de petites portions de travail, se surveillaient les uns les autres au nom de l'intérêt commun, et excluaient sans pitié les paresseux et les incapables. Se nourrissant bien, d'ailleurs, mais travaillant dur, et apportant à nos ouvriers français, avec les outils perfectionnés dont ils se servaient (la large pelle à manche courbe, la longue pioche et le reste), l'exemple de mettre du combustible dans la machine humaine pour en alimenter la marche et de donner de la viande à leurs muscles pour qu'ils en pussent dépenser. L'influence de ce changement de régime a été immense, aussi bien au point de vue de l'accroissement des forces productives de la nation qu'au point de vue du bien-être général et du développement de l'agriculture, placée en face d'une demande rapidement croissante de bétail. Et si l'esprit de conduite et d'économie avait toujours présidé à l'emploi de ces nouvelles ressources, nul ne peut dire dans quelle mesure la richesse et la prospérité du pays s'en seraient trouvées augmentées.

CHAPITRE XVIII

Pour ces gigantesques travaux, d'ailleurs, Georges Stephenson n'était pas seul, pas plus qu'il ne l'avait été pour la confection de sa locomotive. Son fils Robert, formé à son école, était son auxiliaire, plus tard son successeur, et devenait insensiblement comme le grand entrepreneur, on pourrait presque dire le grand ministre des travaux publics du monde entier. C'était à lui, quand un ouvrage dépassait les forces habituelles, que de toutes parts on s'adressait, et il justifiait, par la sûreté de l'exécution comme par la hardiesse de la conception, cette grande et universelle renommée. C'est à lui, entre autres, que l'on doit sinon peut-être l'invention (elle lui est contestée), du moins la construction de ces prodigieux ponts tubulaires grâce auxquels ont pu être franchis des espaces auparavant infranchissables, et dont un des plus beaux spécimens est celui qui relie l'Angleterre à l'île d'Anglesey par-dessus le golfe de Conway et le canal de Menai. C'est un gigantesque tunnel de fer en deux parties, dont la première a plus de 120 mètres de long sur 4^m,14 de largeur et 7^m,31 de hauteur, et la seconde ne mesure pas moins de 554^m,75 de longueur et repose sur trois piles distantes de près de 144 mètres. Heureux si, à côté de tant de grandes et utiles audaces, Robert n'avait pas eu le tort de méconnaître ou de jalouser la grande œuvre de M. F. de Lesseps, et de compromettre l'autorité de son nom en s'associant, comme ingénieur, à l'étroite politique de lord Palmerston! Ce qu'il avait déclaré impossible, lui aussi, a été fait; et c'est l'Angleterre qui, plus qu'aucune autre puissance, a lieu de se féliciter de ce qu'elle s'obstinait à empêcher.

Mais ceci est du présent, et l'histoire des Stephenson, celle du père surtout, est du passé.

CHAPITRE XIX

Une belle vieillesse.

Ils étaient donc devenus riches, très riches. Il n'est personne qui ne dise que c'était tant mieux, et que cette fortune-là était bien acquise. Il est bon que, de temps en temps, les hommes qui se sont donné du mal pour enrichir les autres, pour leur fournir du travail, pour leur ouvrir des sources nouvelles de bien-être et d'activité, aient, eux aussi, leur part et leur récompense, même en ce monde. Georges Stephenson eut la sienne, un peu tard ; mais il l'eut.

Il fit d'ailleurs de cette fortune noblement acquise le plus noble emploi, et sa vieillesse fut digne et simple comme toute sa vie.

Fatigué par l'excès du travail, il se retira dans une belle demeure, au milieu d'un grand parc, où il se plaisait à satisfaire son vieux goût pour les oiseaux et les bêtes, mettant son orgueil à avoir les plus beaux fruits, les fleurs les plus belles et les plus beaux animaux. Il veillait même en personne sur les nids dont ses arbres étaient garnis, et enseignait aux petits enfants à ne pas faire la guerre à ces compagnons aimables et utiles dont le chant nous égaye et dont le bec nous préserve de tant d'ennemis insaisissables. Pour s'entretenir la main et ne pas perdre le goût du charbon, il administrait, pour son compte maintenant, la houillère de Clay-Cross, où il aimait à se retrouver au milieu de ses anciens compagnons. Ou bien, de temps en temps, lorsqu'une difficulté trop grave embarrassait son fils et les savants ingénieurs avec lesquels celui-ci était en relations, on l'appelait, comme on appelle un vieux médecin, en consultation dans le cabinet de Robert, à Londres; et il était rare que son bon sens et son coup d'œil ne missent pas fin aux débats. Les autres avaient beau avoir eu à leur disposition toutes les ressources qui avaient manqué à sa jeunesse, il était encore le plus grand de tous; et quand il s'était prononcé, chacun reconnaissait son maître.

Maître des savants, et maître aussi des ignorants. Maître et ami des petits surtout, et des jeunes, et des humbles; et, comme tous les hommes vraiment grands, ne se servant de son élévation que pour élever les autres, et de ses succès que pour leur aplanir la voie.

Il y avait à Leeds une école d'apprentis, à laquelle il s'intéressait tout particulièrement, et dont il surveillait la marche. C'était là le but préféré de ses courses. Connaissant le prix de l'étude, de l'économie et de la sobriété, il fondait des bibliothèques, des sociétés de secours, des caisses de retraite. Il était ainsi, sous ce rapport encore, parmi les vrais pionniers de la civilisation; et ce ne sont pas seulement les mécaniciens et les industriels, ce sont les ouvriers du progrès intellectuel et moral, les propagateurs de l'instruction populaire, les créateurs de cours d'adultes et de sociétés d'enseignement, qui sont en droit de revendiquer le grand Stephenson pour un de leurs ancêtres.

Son principal plaisir était de se trouver au milieu des jeunes gens, et de les encourager. Et quand il était ainsi parmi eux (parmi vous, suis-je tenté de dire aux jeunes gens qui me lisent, car j'ose espérer qu'à travers ce récit imparfait ils sentent bien un peu sa présence et entendent sa voix), voici ce que leur disait, et ce que nous dit encore chaque jour à tous cet homme qui avait été si petit et qui était devenu si grand, qui avait été si pauvre et qui était devenu si riche, qui avait été si ignorant et qui était devenu si savant, qui avait été si méprisé et qui était maintenant si honoré, si admiré et si glorieux :

« *Mes amis, la persévérance a toujours été ma devise; sans elle je ne serais arrivé à rien.*

« *En dépit de ma pauvreté et des difficultés qu'elle me créait, j'ai persévéré à m'instruire.*

« *En dépit des conseils et des exemples, j'ai persévéré à ne jamais mettre les pieds au cabaret.*

« *En dépit des revers de la fortune, qui m'ont accablé si souvent, je me suis toujours répété ma devise : Persévérance !*

« *Elle m'a fait triompher de toutes les misères. Si vous voulez l'adopter, mes amis, elle fera pour vous ce qu'elle a fait pour moi; elle vous rendra heureux.* »

CHAPITRE XX

Oui, heureux, quoi qu'il en puisse sembler peut-être au premier abord.

Heureux, quelque longues, et cruelles souvent, qu'eussent été ces épreuves qu'il n'avait pas oubliées et que son noble cœur avait si profondément ressenties.

Heureux malgré ses rudes débuts, et ses échecs nombreux, et ses labeurs obscurs, et ses luttes contre la routine et contre la malveillance.

Heureux malgré son amour brisé et la blessure fidèle de l'affection perdue; heureux dans le sens le plus noble et le plus vrai du mot, le seul vrai : car il n'y a ici-bas qu'un bonheur réel et sûr, et c'est celui que donne le sentiment du devoir accompli, l'estime de soi-même, et la conscience de s'être toujours montré supérieur aux difficultés, aux épreuves et aux douleurs inséparables de la condition humaine. Ce bonheur-là résiste même aux chagrins les plus profonds; il transforme en quelque sorte, en le purifiant, jusqu'au malheur lui-même.

Voilà ce que disait aux enfants et aux jeunes gens ce noble vieillard. Voilà comment à l'exemple de sa grande vie il ajoutait le bien de ses bons conseils. Qui pourrait dire combien, grâce à eux, sont devenus meilleurs; combien, grâce à ce simple récit peut-être, le deviendront encore?

C'est la récompense des bons, comme c'est le châtiment des mauvais, de laisser après eux une postérité, souvent inconnue d'eux-mêmes, dont ni eux ni personne ne peuvent mesurer le terme. Le bien et le mal, actes ou paroles, leçons ou exemples, sont des semences que le vent emporte et que le sol reçoit. Que celui qui les a semées le veuille ou non, qu'il le sache ou non, qu'il dorme ou qu'il veille, qu'il soit à l'œuvre devant les hommes dans la plénitude de sa force, ou qu'il ait disparu dans le silence de la mort et dans l'oubli d'une tombe ignorée, à toute heure ces semences travaillent et ces germes produisent leurs fruits. Rien ne se perd, et tout ce qui est fait sur cette terre qui fuit sous nos pas est, en fin de compte, fait pour l'éternité.

CHAPITRE XXI

Cependant les forces humaines ont un terme, et celles de Stephenson, soutenues longtemps, mais minées à la fin par l'incessante activité de cette vie si prodigieusement laborieuse et tendue, commençaient à baisser. En 1848 elles déclinèrent rapidement, et le 12 août de cette même année il s'éteignait. Il était à peine âgé de soixante-sept ans; mais il comptait non pas trente, mais près de soixante ans de services : et quels services!

On peut dire, d'ailleurs, qu'il mourut au champ d'honneur, au sien, au vrai, le champ de bataille du travail; car il succomba aux suites d'une fièvre qu'il avait contractée en Espagne dans un de ses chantiers, et qui avança sa fin en altérant sa robuste constitution.

On lui éleva une statue à Newcastle, et on la plaça sur un pont de chemin de fer, « le pont de Stephenson, » *Stephenson Bridge*, à la jonction de deux lignes construites par lui. Elle se trouve ainsi entre l'usine dans laquelle, aidé par le riche et intelligent M. Pease, il avait fabriqué ses locomotives et ses appareils, et la bibliothèque dans laquelle son fils allait chercher la science dont il avait, lui aussi, tiré si bon parti.

Voilà certes une statue bien méritée, et bien placée

aussi ; une statue comme une civilisation digne de ce nom devrait tenir à honneur d'en élever, et d. ne pas en élever d'autres [1].

Qu'il soit permis, ici encore, au narrateur de prendre la parole pour son compte et de placer un souvenir personnel.

Je me trouvais, en 1870, à Londres, et je visitais la célèbre abbaye de Westminster. C'est, comme on sait, le Panthéon de l'Angleterre, mais un Panthéon qui sert depuis des siècles déjà et dans lequel bien des gloires, vraies ou fausses, ont eu le temps de s'accumuler.

Je regardais, avec la curiosité d'un visiteur désireux de s'instruire, cet entassement de magnifiques tombeaux, de statues, de groupes, souvent fort beaux en eux-mêmes, mais qui ont, au point de vue de l'art, le tort grave de couper les grandes lignes et de gâter l'aspect général de ce bel édifice.

Je parcourais les inscriptions, et toutes invariablement respiraient le plus touchant enthousiasme. Toutes proclamaient que ceux ou celles dont elles célèbrent les vertus ou les talents ont été, en leur temps, des personnages incomparables, dont la plus lointaine postérité conservera le glorieux souvenir.

Parfois, en effet, les noms m'étaient connus, et la postérité, en ma personne, n'était pas une fiction ; mais souvent aussi, bien souvent, hélas ! j'avais beau chercher dans ma mémoire : je ne trouvais rien, absolument rien. Impossible de me rappeler ce que ce beau monsieur ou cette belle dame, qui ont là un si splendide monument, et qui, d'après ceux qui le leur ont

____

1. Voir, à l'appendice, note Q, les paroles de M. Jules Simon à ce sujet.

élevé ne cesseront jamais de faire grande figure dans l'histoire, avaient bien pu être dans ce bas monde au temps où ils en faisaient le plus bel ornement. Je m'accusais d'ignorance, je consultais les dictionnaires et les recueils de biographies : les biographies étaient muettes, et les dictionnaires n'avaient pas enregistré ces noms célèbres. Si bien que, malgré le respect dû à la mort, je ne pouvais m'empêcher de sourire de la naïveté posthume de ces « âmes hautaines » qui dans leurs « grands tombeaux font encore les vaines »[1], et de murmurer à part moi le mot de Töpffer : « Menteur comme une épitaphe » ; et tout est épitaphe.

Tout à coup, dans un coin, une statue simple et modeste s'offre à mes regards. Elle représente un homme à l'attitude sérieuse et méditative; et au-dessous je lis ces paroles qui se gravent aussitôt dans mon souvenir!

« Ce n'est pas pour le vain plaisir de perpétuer un nom (*not to perpetuate a name*), c'est pour constater que les hommes commencent enfin à honorer ce qui est véritablement honorable, que le Parlement et le peuple de la Grande-Bretagne ont élevé cette statue à la mémoire de James Watt, l'inventeur de la machine à vapeur. »

Pas un mot de plus; et n'est-ce pas assez?

---

1. Malherbe, *Paraphrase du psaume* CXLV. Voici le texte exact de la strophe à laquelle sont empruntées ces expressions:

> Ont-ils rendu l'esprit, ce n'est plus que poussière
> Que cette majesté si pompeuse et si fière,
> Dont l'éclat orgueilleux étonnait l'univers;
> Et dans ces grands tombeaux, où leurs âmes hautaines
> Font encore les vaines,
> Ils sont mangés des vers.

A la bonne heure, me dis-je, celui-là n'a pas volé sa place.

Et en même temps me revenaient ces paroles prononcées, il y a une trentaine d'années déjà, un 18 juin, le jour anniversaire de la bataille de Waterloo, par un grand orateur anglais, J. W. Fox, l'un des compagnons et des auxiliaires de Cobden dans sa lutte pour la liberté du travail et du pain[1]. Paroles admirables et qui pourraient réellement servir de préface ou de conclusion à la noble vie du grand mécanicien anglais :

« Il est des hommes qui, par leur génie, ont allégé la tâche du travailleur et multiplié les moyens de jouissance ici-bas. Il est des hommes qui, par leurs découvertes, ont accéléré les progrès de la science et fait rayonner la divine lumière sur des pays que couvrait le voile de l'ignorance, cette prison de l'esprit. Il en est dont les glorieux écrits forment notre patrimoine intellectuel ; il en est dont l'âme affectueuse s'est vouée à secourir les pauvres, à relever les blessés, à rendre la voie du bien moins âpre, moins rude pour les humbles. Voilà les vrais bienfaiteurs de l'humanité,

1. Il y a eu en Angleterre plusieurs personnages de ce nom. Les plus connus sont Georges Fox, né en 1624, qui est considéré comme le fondateur de la secte des quakers, et Charles-Jacques Fox, le grand orateur, qui fut, à la fin du dernier siècle et au commencement de celui-ci, l'adversaire de Pitt dans le Parlement et lui succéda en 1806 comme ministre des affaires étrangères. Celui dont il s'agit ici est William Johnson Fox, qui fut membre du Parlement pour le bourg d'Oldham, mais qui est surtout connu comme orateur religieux et comme l'un des plus vigoureux champions de la *Ligue contre les lois sur les grains.*

Plusieurs de ses discours sur cette question ont été traduits, avec un merveilleux talent, par Frédéric Bastiat, dans le volume intitulé : *Cobden et la Ligue.*

D'autres, qui sont plutôt des conférences, ont été mis en français, sous le titre de *Idées religieuses de J. W. Fox,* par M. Paillottet ; 1 vol. in-12, chez Fischbacher, Paris.

ceux qui par leur désintéressement, l'opiniâtreté généreuse de leurs efforts, de leurs sacrifices, ont doté le monde de progrès et de richesse. Voilà les hommes auxquels il faut élever des colonnes et des statues, et dont la plume de l'historien doit se plaire à couronner d'éclat et de gloire la noble physionomie. C'est à eux que les peuples doivent décerner éloges et récompenses, et non à ces héros qu'on va chercher tout sanglants encore sur les champs de bataille pour les combler d'honneurs et leur tresser des couronnes... Les peuples sauront un jour bénir cette longue descendance de grands cœurs, de grands esprits ; et les anniversaires qu'ils célèbreront seront ceux qui rappelleront quelque belle découverte, quelque invention féconde, quelque progrès de la liberté politique, qui seule peut développer et conserver les autres conquêtes de l'esprit humain. »

Oui, les voilà, les véritables gloires de l'humanité.

Les voilà, les héros de la civilisation, et il est temps de les mettre enfin à leur place.

Il est temps que l'art de produire prenne le pas sur l'art de détruire, et qu'il y ait plus d'honneur à élever, à nourrir ou à servir les hommes qu'à les écraser.

« Passez, » disait hier encore le poète aux nobles ouvriers de la richesse, de la science et de la liberté ;

> Passez, passez, pour vous point de haute statue :
>   Le peuple perdra votre nom ;
> Car il ne se souvient que de l'homme qui tue
>   Avec le sabre et le canon.

Le peuple, Dieu merci, commence à ne plus être de cet avis. Il n'aime plus tant

> ....ceux qui dans les champs humides
>   Par milliers font pourrir ses os.

Il a des statues pour les Watt, pour les Jacquard,
pour les Peel, pour les Cobden, pour les Arago ; il n'en
aura bientôt plus, sauf les anciennes, qu'il conservera
comme souvenir de ses erreurs passées, pour les César,
les Cortez, les Tamerlan, les Charles XII, et d'autres
aventuriers ou carnassiers illustres. L'ère des Napoléon finit ; celle des Washington et des Stephenson
commence.

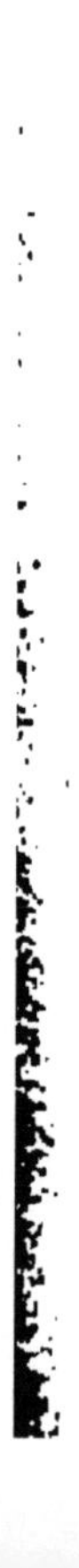

TROISIÈME PARTIE

MORALE DE L'HISTOIRE DU PETIT POUCET

I. — Dernières réflexions. — La leçon de l'exemple.

J'ai esquissé, dans ses traits essentiels au moins, cette belle existence, si humble en ses obscurs commencements, si magnifique en son lumineux épanouissement. J'ai dit comment s'était faite, sans secousse, sans violence, sans surprise, sans précipitation, mais sans interruption et sans retour en arrière, cette éclosion progressive d'une grande âme et d'une puissante intelligence.

« L'enfant, dit le proverbe anglais, est le père de l'homme, » et le gland est le berceau du chêne. On a pu suivre pas à pas dans la vie de Georges Stephenson cet intéressant développement. On a vu le germe tendre, rompant timidement l'enveloppe qui le renferme, percer et soulever de sa pointe frêle la croûte pesante et dure du sol aride qui l'écrase ; se fortifier et se dilater peu à peu à l'influence de l'air et du soleil ; ajouter, d'année en année et de sève en sève, les rameaux aux rameaux et les pousses aux pousses, et devenir enfin, par le jeu naturel et régulier de la vie qu'il porte en lui, le chêne imposant qui abrite sous son ombre majestueuse les oiseaux du ciel et les bêtes de la terre. De tels exemples certes parlent assez haut, et bien à plaindre seraient ceux pour lesquels ils demeureraient sans enseignements.

Qu'il me soit permis cependant, avant de poser la plume, d'indiquer encore quelques-unes des pensées qui, toutes les fois que je me suis retrouvé en face de cette noble figure, ont le plus vivement saisi mon cœur et mon esprit.

L'histoire de Stephenson est d'une admirable unité. On peut dire pourtant qu'elle est double dans son unité, car c'est à la fois l'histoire d'un homme et l'histoire d'une idée.

II. — Influence des voies de communication. — Le monde ouvert.

De l'idée et de la révolution prodigieuse dont sa réalisation a été le signal, il n'y a que peu à dire après ce qui en a été dit déjà, après ce que Stephenson lui-même, dans les paroles citées plus haut, en a si bien dit. Oui, c'est la vie économisée, allongée, agrandie, et agrandie au profit de tous.

C'est la voie ouverte devant tous, et l'antique servitude, qui, sous une autre forme, nous clouait encore pour la plupart à la glèbe par la lourdeur de nos mouvements, désormais brisée sans retour.

C'est le commerce, et avec le commerce la science, l'industrie, l'ar , la morale, la fraternité, toutes ces choses jusqu'alors pesantes et boiteuses, pourvues enfin de ces ailes que, par une des intuitions de leur merveilleux génie, les Grecs avaient attachées aux talons de leur dieu Mercure.

C'est le monde ouvert, et les membres épars de l'humanité mis à même, quand ils le sauront vouloir, de se réunir en un corps. « Après l'invention de l'alphabet et de l'imprimerie, a dit excellemment lord Macaulay, il n'est point d'invention humaine dont l'influence sur les progrès de la civilisation ait été plus puissante que celle des découvertes qui ont pour but d'abréger les distances. Tout perfectionnement apporté dans les moyens de transport contribue à l'amélioration intellectuelle, morale et matérielle de la société ; non seulement il facilite l'échange des productions de l'art et de la nature, mais encore il tend à détruire les antipathies naturelles et à resserrer les liens qui doivent unir les branches de la famille humaine. »

C'est à notre xix° siècle, et ce ne sera pas la moindre de ses gloires, qu'était réservé l'honneur d'ouvrir, à ce point de vue, une ère nouvelle.

C'est lui qui, par l'emploi industriel de la vapeur, par l'application de la puissance mécanique aux déplacements par terre comme aux déplacements par eau, a changé la face du monde.

Et comme pour affirmer d'une façon plus éclatante le caractère émancipateur et égalitaire de ce progrès, c'est à trois hommes qui en d'autres temps sans doute seraient à jamais restés enfouis dans l'obscurité de leur humble condition, à trois artisans, fils de leurs œuvres, et longtemps arrêtés par le défaut de ressources et d'appui, à l'Écossais Watt, à l'Américain Fulton, et à l'Anglais Stephenson, qu'en est plus particulièrement dû l'accomplissement.

III. — Le siècle du travail.

Est-ce à dire, comme le proclamait un jour M. Gladstone, que ce siècle soit « le siècle des ouvriers » ?

Oui, et non.

Non, si par là on entend le siècle des uns et non des autres.

Non, si l'on veut dire que le moment soit venu de retourner, ainsi que certains le demandent, ce qu'on appelle l'échelle sociale, pour mettre en haut ceux qui sont en bas et en bas ceux qui sont en haut.

Oui, si l'on veut dire que c'est *le siècle du travail,* c'est-à-dire le siècle de tous ; le siècle qui doit mettre chacun à sa place selon ce qu'il vaut et selon ce qu'il fait.

Et c'est en cela que l'œuvre et la vie de Stephenson ne sont pas seulement un bienfait, elles sont une leçon et un symbole[1].

Grâce à lui, comme il l'avait si bien prédit, le monde matériel n'est plus fermé à personne. Il a ouvert le grand chemin de tous, des petits comme des grands, des forts comme des faibles, des riches comme des pauvres. C'est la voie universelle.

IV. — Le grand chemin des intelligences.

Mais il y a un autre chemin, jadis réservé à un bien petit nombre, et qui, lui aussi, est fait pour tous et

1. Voici, à ce sujet, quelques paroles de Rossi, qui sont bonnes à citer :

« Ce qu'on ne trouvera plus ni en Angleterre ni en Europe, ce qui sera un jour relégué sans retour dans le domaine de l'archéologie, comme l'esclavage, la théocratie, le *wehrgeld,* le duel judiciaire, ce seront les aristocraties artificielles et fermées, en d'autres termes, l'inégalité civile et le privilège. Quant aux aristocraties naturelles, ouvertes à tous les nobles efforts de la liberté individuelle, de la personnalité humaine, elles ne sont point incompatibles avec la démocratie, c'est-à-dire avec l'égalité civile et un gouvernement national ; elles en sont au contraire l'ornement, la décoration et la récompense. »

doit devenir à son tour le grand chemin de tous : c'est le chemin de la science.

C'est ce grand chemin-là que maintenant il s'agit d'ouvrir, afin que tous, selon leurs désirs, leurs aptitudes et leurs forces, y puissent marcher.

Nous y réussirons, n'en doutons pas, sinon nous, du moins ceux qui nous succèderont.

Un jour viendra (et vous vivrez, je l'espère, vous, jeunes gens pour qui en ce moment j'écris, assez pour le voir) où les éléments essentiels des connaissances usuelles tout au moins seront à la portée de tous, et où il y aura moins de différence entre la culture intellectuelle du simple journalier et celle de l'homme d'étude qu'il n'y en a entre la physique et la chimie du siècle dernier et celles du temps présent.

Un jour viendra, —grâce aux efforts de tous ces travailleurs acharnés qui partout se donnent leur coin à défricher et à tour de rôle, comme les mineurs, quand ils ont extrait l'or et les pierres précieuses de leur gangue, viennent apporter sur le marché commun le fruit de leurs veilles; — un jour viendra où tous, gagnés peu à peu par le rayonnement de ces innombrables clartés, nous serons environnés et comme pénétrés d'une sorte de lumière diffuse devant laquelle disparaîtront ces ténèbres au sein desquelles, trop souvent, hélas ! pareils à des frères d'armes qui dans la nuit se prennent pour des ennemis, nous avons porté les uns sur les autres des mains fratricides.

Un jour viendra où, mieux instruits de ce qui se peut et de ce qui se doit, nous ne poursuivrons plus, comme nous l'avons trop fait, les métamorphoses subites et le nivellement artificiel des conditions sous a loi aveugle d'une égalisation matérielle qui serait la

mort de tout progrès comme la négation de toute justice ; mais nous comprendrons, nous poursuivrons, et
nous atteindrons enfin la seule égalité saine, légitime
et salutaire : l'égalité des droits ouvrant à tous, à
mérite égal, les mêmes chances et les mêmes per-
spectives.

V. — Le devoir universel. — S'élever et élever.

Pour hâter ce jour, mes chers lecteurs, il y a dès
aujourd'hui deux choses qui sont à notre portée à tous,
et dont les Stephenson, les Franklin et les Watt sont
à la fois les maîtres et les modèles : c'est de travailler
d'abord, et c'est de respecter le travail des autres
ensuite. C'est de nous instruire, et c'est d'instruire ceux
qui nous entourent. C'est de rivaliser d'ardeur pour
nous améliorer par l'esprit et par le cœur. C'est de
nous tendre enfin les uns aux autres une main frater-
nelle, sachant que tout ce qui est vraiment bon profite
à tous, que tout ce qui est mauvais porte avec lui sa
contagion ; et profondément convaincus que l'ignorance
de ceux qui ne savent pas est un embarras et un reproche pour ceux qui savent, et la perversité des méchants
une menace pour les bons.

« Ce n'est pas de nous seulement, disait, il y a
quinze siècles, le grand évêque saint Jean Chrysostôme « c'est du monde entier qu'il nous sera demandé
compte. »

« La science la plus élevée est encore dans l'enfance, disait de son côté, il n'y a pas un demi-siècle, le généreux apôtre de l'Amérique, Channing.
Nulle part les grands esprits n'ont encore entrepris
de résoudre sérieusement et solennellement ce grand
problème : « Comment peut-on relever la majorité

des hommes? » Mais il est temps qu'ils s'en occupent enfin. Il est temps qu'un nouveau sentiment de responsabilité anime les hommes éclairés, les hommes vertueux, les hommes heureux. Le progrès du christianisme l'exige, et la marche des sociétés le rend indispensable. »

Oui, au point de vue matériel, aussi bien qu'au point de vue moral, la culture générale de l'espèce humaine es. une nécessité chaque jour plus impérieuse; et le progrès de l'outillage, en mettant dans la main des hommes des forces plus puissantes, mais par cela même plus redoutables dans leurs écarts, impo·e aux hommes des connaissances, des aptitudes et des qualités sans lesquelles ils demeureraient au-dessous des œuvres de leurs mains. Tous ne peuvent pas être des Watt, des Stephenson ou des Jacquard; mais, pour manier sans dommage et sans péril les engins dus au génie des Watt, des Stephenson et des Jacquard, il faut être en état de les comprendre au moins, et ne pas faire regimber ou s'emporter follement ces grandes bêtes de fer, si dociles à la fois et si promptes à la révolte.

Il y a des Watt et des Stephenson qui s'ignorent, d'ailleurs, comme il y a dans les profondeurs de la terre des trésors qui attendent la main de l'homme pour paraître au jour, et sous le sable aride du désert des sources prêtes à jaillir pour porter autour d'elles la fraîcheur et la fécondité.

Faire surgir ces aptitudes cachées, mettre en jeu ces forces qui s'ignorent, et développer de plus en plus dans l'humanité cette puissance supérieure de l'esprit qui, selon la parole du poète antique, anime et vivifie toute la masse, n'est-ce pas là ce qui s'appelle le progrè·, et la civilisation peut-elle avoir ici-bas un autre but?

VI. — Une dernière parole de Stephenson. — La lumière qui fait son œuvre.

Mais ce n'est pas seulement, il faut le dire, par le spectacle de sa vie que Stephenson suggère, tout naturellement, à ceux qui la contemplent, ces réflexions ; c'est par ses paroles mêmes, et il serait difficile de ne pas les faire en l'écoutant.

Un jour (c'était au temps où, devenu riche, et jouissant de ses arbres, de ses animaux, de ses oiseaux et de ses fleurs, il se plaisait, en grand mécanicien qu'il était, à étudier et à admirer, dans les petites choses comme dans les grandes, les merveilles de puissance et d'harmonie qu'y a déployées la sagesse infinie du suprême mécanicien), il se promenait en compagnie d'un géologue illustre, le docteur Buckland. Tout à coup, à quelque distance, un train vint à passer. Quand on est le père des chemins de fer, on n'entend pas passer un train sans tourner la tête. Stephenson s'arrêta donc, et, suivant des yeux le long panache de fumée et le montrant à son compagnon :

« *Eh ! docteur, s'écria-t-il, j'ai une question à vous adresser. Pouvez-vous me dire quelle est la force qui fait marcher ce train ?*

— Mais je suppose que c'est une de vos grosses machines.

— *Oui ; mais qui fait marcher la machine ?*

— Sans doute un bon mécanicien de Newcastle.

— *Et si c'était le soleil ?*

— Comment cela ?

— *Sans doute. C'est de la lumière emmagasinée dans la terre pendant des myriades d'années ; car les plantes ont formé la houille et la lumière leur est nécessaire pour condenser le carbone qui entre dans leur tissu. Maintenant, après avoir été ensevelie durant de longs siècles, cette lumière latente nous est rendue. Elle se délivre; elle travaille dans cette locomotive, pour accomplir les vastes desseins de l'homme.* »

Quel langage ! Et comme il prouve bien, une fois de plus, que le style le plus beau, le plus poétique, c'est encore celui qui n'est que le vêtement naturel d'une belle et poétique pensée !

Quel langage, mais quelle idée ?

Idée aussi juste que grande, d'ailleurs, et que de nos jours la géologie a faite sienne et définitivement adoptée[1].

Oui, c'est le rayonnement de l'astre central emmagasiné en grand, grâce aux plantes, dans les entrailles de la terre, — de même que sous nos yeux un savant, M. Mouchot, l'emmagasine en petit dans des appareils de sa façon et met, comme on l'a dit plaisamment, le soleil en bouteille ; — c'est la chaleur solaire, accumulée à l'état latent dans les profondeurs du sol, qui reparaît au jour et s'y développe à l'appel de l'homme, qui *se délivre*, suivant l'admirable expression de Stephenson, *de cette prison de l'oisiveté où elle était retenue*, et s'affirme en redevenant utile et en travaillant pour le bien de l'humanité.

Mais il y a une autre lumière et une autre chaleur que celle-là.

Il y a une lumière et une chaleur dont ne parlait pas ce jour-là Stephenson, mais dont nous devons

1. Le Dante, par cette sorte de prescience que les anciens accordaient aux poètes (*vates*, voyant), semble avoir entrevu cette idée dès le XIVe siècle. « Regarde, fait-il dire à un de ses personnages, le soleil qui se change en vin : *Guarda il sole che si fa vino.*

parler, nous, en lui rendant l'honneur qui lui est dû, car il a été l'un de leurs plus brillants foyers.

C'est la lumière intellectuelle, c'est la chaleur morale.

Nous voyons fonctionner les grands mécanismes; nous voyons les puissants engins, grâce auxquels l'homme a cessé d'être l'esclave de la matière pour en devenir le contremaître, prendre à leur charge le plus dur et le plus écrasant jadis du labeur humain, pousser les métiers, percer le roc, transporter les fardeaux, élever l'eau, suppléer tantôt à la force et tantôt à la délicatesse qui manquent à nos organes, et, tout en accomplissant des tâches que nous ne saurions même rêver sans eux, mettre à chaque heure en disponibilité notre temps et nos facultés pour d'autres œuvres et d'autres recherches; nous voyons cela et nous ne songeons pas à nous demander où est le premier moteur de tout ce mouvement.

Le moteur? Mais c'est l'intelligence humaine elle-même, car tout est idée (idée conçue d'abord et réalisée ensuite), qui s'est transformée, qui s'est emmagasinée, qui s'est incarnée, pour ainsi dire, et enfermée dans ces mécanismes et ces inventions pour s'y tenir à notre disposition.

C'est la lumière de l'esprit et la chaleur de la volonté qui se sont condensées, grâce au travail, dans les choses et qui, le moment venu, « *nous sont rendues et se délivrent pour accomplir les vastes desseins de l'homme* ».

Lors donc que nous voyons passer les locomotives, lorsque nous voyons travailler les métiers et les machines, nous pouvons penser, sans doute, au mécanicien qui les conduit, à l'ouvrier qui les a construits, et aux mineurs qui ont extrait la houille qui les alimente. Nous pouvons bénir le soleil, dont la bienfaisante lumière a préparé pour nous cette houille. Mais nous devons songer aussi, nous devons songer surtout aux Stephenson, aux Watt, aux Jacquard, aux Fulton, aux Papin et à tous ces grands pionniers de la science qui ont travaillé à affranchir l'humanité en lui soumettant la nature.

Ils sont morts, ces grands rédempteurs de la primitive misère; et combien parmi eux dont les noms mêmes ne sont pas venus jusqu'à nous ! Mais ils nous ont laissé la meilleure partie d'eux-mêmes. Ils se survivent en quelque chose et, grâce à cette immortalité terrestre, ils nous servent encore, et chaque jour ils sont là parmi nous, nous éclairant le chemin et nous aidant à conquérir l'avenir.

Est-ce assez de leur rendre justice? est-ce assez de garder leurs noms quand, par hasard, nous les connaissons, et de nous redire les uns aux autres avec une reconnaissance émue ce que nous leur devons?

Non; et la seule manière de leur témoigner réellement notre gratitude, c'est de les imiter.

Nous sommes leurs débiteurs, et si nous ne pouvons leur payer à eux-mêmes notre dette ; payons-la du moins à ceux qui, à leur tour, peuvent devenir les nôtres.

Le patrimoine commun est un dépôt; nous l'avons reçu successivement agrandi par les mains qui l'avaient reçu avant les nôtres; nous sommes tenus de le rendre plus agrandi encore à proportion de ce qui nous est devenu possible.

Nous avons hérité, nous devons compte de l'héritage.

Que ce soit là votre ambition à tous, chers Petits Poucets de tout âge et de toute condition, pour qui une fois de plus j'ai conté cette histoire, et qui tous, j'en suis sûr, vou'ez devenir grands autrement que par la taille ; et l'ami qui vous offre ce volume n'aura pas perdu son temps à l'écrire, ni vous à le lire.

FIN

APPENDICE

—

A

James Watt, né en 1736, à Greenwich, d'abord apprenti chez un fabricant d'instruments de mathématiques, puis établi pour son compte à Glasgow, en 1757, et petit constructeur d'instruments de physique pour l'université, n'eut, malgré son génie et son habileté, qu'une existence difficile et précaire pendant une quinzaine d'années.

Vers 1770 seulement il devint l'associé de Boulton, fils d'un grand fabricant d'acier de Birmingham, homme instruit, riche, et d'un esprit généreux et ouvert, qui, depuis 1762, avait transporté son industrie à Soho. Boulton, ayant apprécié tout à la fois la valeur de l'homme et celle de ses inventions, n'hésita pas à engager hardiment sa fortune dans la construction des appareils nouveaux qui devaient remplacer avec d'incomparables avantages les machines de Newcommen. Il ne dépensa pas, dit-on, moins de 50 000 livres sterling (1 250 000 fr.), avant de songer aux rentrées, et ne craignit pas, pour faire adopter ses machines, de les donner gratuitement, se chargeant en outre de les monter et de les entretenir, sans autre rétribution que le tiers de l'économie réalisée sur le combustible. Un compteur spécial, de l'invention de Watt, permettait de constater cette économie. Elle fut telle que bientôt les intéressés demandèrent à se libérer de leur redevance à prix débattu.

On sait que les principales inventions par lesquelles Watt a fait de la machine *atmosphérique* de Newcommen la machine *à vapeur* proprement dite sont :

1° La condensation de la vapeur, qui procurait du premier coup trois quarts d'économie;

2° La machine à double effet;

3° Le parallélogramme articu ;

4° La manivelle au moyen de laquelle le mouvement rectiligne est transformé en mouvement circulaire;

5° Le régulateur à boules;

6° Le volant, etc.

Watt, après une longue vie de travail, récompensée par la considération et par la fortune, est mort à l'âge de quatre-vingt-quatre ans, dans un petit domaine près de Birmingham, à Heathfield. Son associé, Boulton, plus âgé que lui de quelques années, était mort à quatre-vingt-un ans, à Soho, en 1809.

Jusqu'à la fin, le grand inventeur avait gardé la plénitude de ses puissantes facultés; et dans ses dernières années, pour occuper l'activité insatiable de son intelligence, ayant épuisé les sciences physiques, il se livrait à l'étude de la philologie et de l'archéologie.

B

« La prospérité et le commerce de l'Angleterre, disait un jour M. Cobden à la Chambre des communes, ont leurs racines dans le travail intelligent des hommes qui mettent en œuvre les métaux. Ils forment la base de notre grandeur manufacturière; si vous étiez attaqués, ils s'emploieraient aussitôt, avec leurs mains vigoureuses et leur esprit fertile, à fabriquer nos mousquets et nos canons, nos boulets et nos obus. A qui devons-nous nos Armstrong, nos Whitworth et nos Fairbairn, si ce n'est à la libre industrie de l'Angleterre? Si vous avez plus de machines à vapeur que toute autre nation, et si vos engins sont plus puissants, n'en êtes-vous pas redevables aux hommes qui les ont fabriqués, et aux principes économiques qui ont accru la richesse de notre pays? Nous qui avons eu quelque part à cette transformation, nous n'ignorons pas qu'on augmente la force et la puissance d'un État en augmentant le nombre de ses artisans habiles. »

C

Le premier grand spécimen de ce genre de ponts est le pont Britannia, entre l'Angleterre et l'île d'Anglesey, sur le golfe de Conway et le canal de Menai. C'est un véritable tunnel en fer en deux parties, l'une de 121^m,84 et l'autre de 454^m,75 de longueur, cette dernière soutenue par des piles distantes de 143^m,85 l'une de l'autre. L'intérieur a 4^m,14 de large et 7^m,31 de haut.

Ce gigantesque travail, alors sans précédent, fut construit de 1847 à 1850. On peut se faire une idée des difficultés que présentaient alors l'assemblage et la mise en place de semblables masses.

Le pont sur le Tay, dont l'écroulement a entraîné la chute d'un train entier et la mort de tous ceux qu'il emportait, était encore un pont tubulaire considéré comme une des merveilles du genre. D'une longueur totale de 3200 mètres, il se composait de 85 arches dont quelques-unes avaient jusqu'à 74 mètres d'ouverture; et la distance de la mer aux travées n'était pas de moins de 26 mètres, de façon à laisser passage aux plus grands navires.

Le pont de Recouvrance, à Brest, sur le bras de mer de la Penfeld n'est pas, dans son genre, moins merveilleux. Son tablier, élevé de 30 mètres au-dessus des basses eaux, se compose de deux volées de 84 mètres pesant chacune plus d'un million de kilogrammes, et reposant sur deux piles en granit de 12 mètres de diamètre. Deux hommes, placés sur chaque volée, suffisent pour en opérer l'ouverture en moins de dix minutes.

B

M. Albert de la Salle rapporte, dans le *Charivari*, qu'en 1777 on mettait :

32 heures pour aller de Paris à Calais.
49   pour aller — à Lyon.
71   pour aller — à Bordeaux.

C'est déjà une jolie différence avec nos chemins de fer; mais voici qui va donner à réfléchir aux voyageurs n'admettant que les trains-éclairs, et qui n'est pas précisément conforme à l'opinion de certains conservateurs s'écriant à tout propos que tout allait bien mieux « dans le temps ».

En l'an de grâce 1768, l'itinéraire donné par le *Guide des routes chemins de la France*, sorte de Livret-Chaix de l'époque, était pour les trois voyages ci-dessus, ainsi conçu :

1° *Paris à Calais* (voir Boulogne).
— *à Boulogne* (voir Amiens).
— *à Amiens.*

Le carrosse, partant les mardis, jeudis et samedis, à 5 heures du matin, couche à Creil et à Breteuil, et *arrive à Amiens le troisième jour, à 10 heures du matin. Il n'y a pas de jours fixes pour les voitures de Boulogne, Calais, etc.; ce ne sont que des rouliers.*

2° Paris à Bordeaux. — Le carrosse part tous les mardis, à 11 heures du matin, couche à Arpajon, Thoury, Saint-Laurent, Ecure, Tours, la Celle, Clan, Luzignan, Saint-Léger, Aunay, la Rollande, Pons, Etollier, et arrive le quatorzième jour, à 10 heures du matin, à Blaye, d'où l'on se rendait à Bordeaux par eau.

Paris à Lyon. — La diligence (ce mot, par rapport à carrosse, correspond à nos express), partant tous les deux jours à 2 heures du matin, couche à Pont, Vermenton, Arnay-le-Duc, Mâcon, et arrive à Lyon le cinquième jour, à 6 heures du soir.

Nous pourrions citer beaucoup d'autres parcours très curieux et reproduire quelques *Avis utiles aux voyageurs sur les accidents les plus ordinaires et sur les moyens d'en prevenir les suites*, quelques précautions générales pour l'alimentation, le coucher, à l'usage de ceux qui voyagent en voiture, par eau, à cheval, à pied, etc.

Voilà pour les déplacements. Quant aux lettres, dont le service laisse encore tant à désirer entre les localités même les plus proches, lorsqu'elles n'ont pas la bonne fortune d'être sur une ligne de chemin de fer, tous ceux qui peuvent se reporter à vingt-cinq ans seulement en arrière savent combien, pour le temps et pour le prix, nous sommes loin du passé.

B

Voici ce récit, tel que le faisait Robert, plus de quarante ans après, en 1857, à l'auteur des *Biographies industrielles* :

« Je me rappelle cette soirée comme si elle était d'hier. Mon père, le visage radieux, tenait en main la lampe qu'il avait remplie d'huile et allumée. Tout était prêt, mais Nicholl Wood, le contremaître, qui devait assister à l'expérience, n'arrivait pas. Il habitait le village de Bouton, à un mille environ de notre demeure. Je courus le chercher et pour abréger la route, je passai par le cimetière. Une agitation fiévreuse s'était emparée de moi. Tout à coup je vis une blanche figure s'élever au milieu des tombes ; mon cœur battit avec violence. Était-ce un fantôme, sinistre messager de mort et de malheur ? Je demeurai un instant immobile. Mais j'avais reçu l'ordre d'aller chez Nicholl Wood. Je sortis du cimetière en courant, et je pris un détour afin de me rapprocher de la grande route.

« Comme je m'éloignais, un mouvement instinctif me fit tourner la tête. L'ombre était toujours à la même place. Rassuré par la distance, je la considérai plus attentivement. C'était le fossoyeur qui, à la clarté

d'une lanterne, poursuivait la nuit son travail lugubre. Je souris de
ma frayeur, et, bannissant toute pensée d'alarme, je me rendis chez le
contremaître. Quand nous revînmes ensemble à la maison, il était
onze heures. Mon père et Nicholl sortirent aussitôt pour essayer la
lampe dans l'une des parties les plus dangereuses de la mine. »

Il faut dire que, malgré la lampe de Davy et le *georget* de
Stephenson, les explosions de grisou n'ont pas cessé de décimer les
mineurs. Voici ce qu'on lisait, il y a peu de temps encore (juin 1880),
dans un journal :

« Tout récemment, dans un charbonnage de Saint-Ghislain, une
explosion de grisou a fait huit victimes. Il y a un peu plus d'un an,
dans les mêmes parages, un accident du même genre, mais plus
grave encore, coûtait la vie à une centaine d'ouvriers.

« C'est une terrible et funeste chose que cette foudroyante révolte
de la terre, étouffant et broyant dans un hoquet de flammes les
audacieux chercheurs qui s'obstine à violer son sein. Cette brutale
revanche des éléments aveugles donne à réfléchir à cet être fragile
qui, chaque jour, va les braver dans leur antre, pour rapporter à la
surface du sol, dans ses mains noires, le pain qu'attendent au logis la
femme et les enfants. Pauvres enfants, pauvre femme ! Souvent, ce
qui leur arrive, à l'heure accoutumée du retour, ce n'est pas le pain
du lendemain, mais, hélas ! sur une civière couverte d'un voile de
deuil, le corps affreusement mutilé du père, qui pour les faire vivre
vient de se faire tuer.

« Ou encore, au beau milieu de la journée, tandis que le soleil
rayonne joyeusement dans un ciel d'été et que toute la maisonnée,
sur le seuil de la chaumière, respire à plein poumon l'air rafraîchi
par les feuillages du bois voisin, tout d'un coup dans l'atmosphère
calme et sereine une détonation retentit, violente, inattendue, figeant
le sourire sur les visages subitement pâlis par l'angoisse. Alors
haletants, inertes, les bras coupés, la mère et les petits restent là
tout droits, suivant d'un regard voilé par la stupeur la colonne de
fumée qui s'élève à quelques centaines de mètres, et se demandant :
« Qu'est-il arrivé de nous ?... » Car eux, c'est lui, là-bas, celui qui
est dans la fosse, et qui, sans doute, ne remontera plus... Et les voilà
qui se mettent à courir, muets, les dents serrées, les yeux secs,
jusqu'à ce qu'ils arrivent sur les bords du trou maudit, jonchés de

débris par l'explosion, et foulent de leur piétinement incertain le sol encore tremblant de sa récente convulsion.

« Que s'est-il passé là-dessous ?... Pauvres gens ! C'est à peu près toujours la même histoire ! Le gaz perfide s'est dégagé lentement sournoisement, par une fissure ignorée ; il s'est répandu dans les galeries, remplaçant peu à peu les couches supérieures de l'air, plus lourd que lui. Puis, quand il a eu tout envahi, au moment peut-être où le flair exercé d'un vieux mineur commençait à reconnaître sa présence, une fulgurante traînée de feu a parcouru le souterrain d'un bout à l'autre, et les travailleurs les plus proches sont tombés, pêle-mêle, asphyxiés, brûlés, anéantis, dans l'atroce éblouissement de ce formidable éclair ! Les malheureux ont vécu, et cette terrible lumière est la dernière qu'ils auront vue.

« Malheureux !... Moins peut-être que d'autres, dont le sort est quelquefois pire ! L'énorme secousse produite par l'explosion a tout bouleversé dans la mine. Ceux qu'elle n'a pas tués raides ont abandonné leurs outils et, dans l'obscurité d'une nuit complète, — car un furieux courant d'air a subitement éteint leurs lampes, — ils vont à travers les galeries, tâtant l'ombre de leurs mains affolées, et guidant leurs pas le long des parois qu'ils ont eux-mêmes péniblement taillées dans le roc. Or, tout d'un coup celui qui marche en tête pousse un cri de désespoir. Ceux qui le suivent se sont arrêtés, chancelants d'émotion et s'appuyant aux murs. Ils ont compris. La galerie est fermée !... Un éboulement s'est produit là, gigantesque, et se dresse devant eux comme un mur d'une épaisseur inconnue, barrant le chemin qui conduit au puits d'ouverture, c'est-à-dire au jour, à la liberté, au salut.

« Que faire ? Ils sont là, devant cet obstacle inexorable, frémissants, le cœur plein de sourdes et impuissantes révoltes. Forcer la porte d'une prison ?... Ils l'essayent ; mais ils y briseront leurs pics, ils y useront leurs ongles, et la porte ne cédera pas. Il faudra rester dans cette tombe, ensevelis vivants, y mourir d'inanition sur place ou sentir la lente crue des eaux qui s'accumulent monter peu à peu de leurs pieds à leurs lèvres et les noyer un à un dans le silence farouche d'une obscure agonie... A moins que les secours n'arrivent d'en haut, oui, de là-haut, où les infortunés savent qu'on prie, et qu'on pleure, et qu'on travaille à les délivrer. Que de fois, hélas ! si la délivrance n'arrive pas à temps, que de fois les sauveteurs ne trouvent plus à sauver que des cadavres !

« La liste est cruellement longue de ces misérables martyrs du travail souterrain. Chaque fois qu'un nouvel accident vient l'allonger encore, la charité publique et privée ne manque pas de soulager les misères que ces tragiques évènements laissent après eux. C'est bien. Quelque chose serait mieux, ou du moins plus urgent : ce serait de prévenir les malheurs de ce genre plutôt que d'attendre l'occasion de les réparer. Est-ce impossible? Si le mot impossible n'est pas français, il est encore moins scientifique. Le génie au service de la pitié peut enfanter des prodiges. Or, en ce cas, pouvoir, c'est devoir. L'inventeur Davy n'eut pas de repos jusqu'à ce qu'il eût découvert cette fameuse lampe, qui a protégé contre le fléau des mines la vie de milliers de travailleurs. Puisqu'elle ne suffit pas à les préserver tout à fait, il faut trouver autre chose. La science moderne, aujourd'hui en possession de tant de secrets, ne doit pas s'en tenir à ce rempart rudimentaire de la toile métallique interposée par Davy entre la flamme de la lampe et le grisou.

« Que trouver, alors? C'est l'affaire de nos savants. Il semble, d'ailleurs, que la voie leur soit toute tracée. En quoi consiste, en effet, le problème? A isoler dans un milieu explosible le corps en combustion qui produit la lumière nécessaire au travail de l'ouvrier. Ces conditions, invraisemblables au premier abord, l'électricité devra les réaliser. Produire, grâce à elle, une lumière qui puisse naître et se maintenir dans le vide, là est l'idéal. Cet idéal, il faut l'atteindre. La lumière électrique éclaire déjà les plaisirs des grandes cités. Qu'elle éclaire les travaux des mineurs, en protégeant leur vie. Ce sera là sa plus belle, en tout cas sa plus humaine application! »

Dans un grand nombre de cas, il est vrai, les désastres sont dus à des imprudences. Ce sont des mineurs qui, malgré toutes les recommandations, ouvrent leur lampe pour allumer leur pipe ou pour y voir plus clair, ou descendent dans leurs poches des allumettes au fond de la mine; mais il ne semble pas qu'il en soit toujours ainsi, et plus d'une catastrophe est jusqu'à présent inexpliquée. Est-ce un coup de pioche sur une pierre dure, ou le fer d'un cheval qui a fait jaillir une étincelle? Y a-t-il eu, comme quelques-uns le prétendent, inflammation spontanée et déflagration générale des poussières de charbon déposées sur les charpentes? Quoi qu'il en soit, il est certain que les lampes de sûreté n'ont pas rendu le danger impossible, mais elles l'ont tout au moins notablement diminué.

*

Voici la reproduction du discours prononcé le 29 août 1880, au sein de l'Académie des sciences, à l'inauguration de la statue de ce grand homme, par M. F. de Lesseps. Il serait impossible de donner de son œuvre un aperçu plus substantiel et plus autorisé.

« L'invention de Papin, perfectionnée par ses successeurs, appartient aujourd'hui à tout le monde.

« C'est une chose vaine que la lutte dans laquelle les nations cherchent souvent à faire valoir leurs droits à quelque grande découverte, sous prétexte que l'un de ceux qui y ont contribué leur appartient par la naissance. Il est évident qu'une grande pensée n'éclate pas spontanément et sans être produite par des précédents. Le terrain est déjà défriché, puis le temps en développe et mûrit le fruit jusqu'à ce qu'un penseur persévérant soit appelé à le recueillir. Colomb n'imagina pas d'emblée l'existence d'un continent nouveau; des indices, des études, des circonstances fortuites l'amenèrent à une découverte qu'il a eu seul le courage et la gloire de réaliser. Il en est de même de toutes les grandes conceptions. La boussole, l'imprimerie, l'électricité, et d'autres inventions de premier ordre, existaient en germe et s'agitaient à l'époque où elles firent explosion Fermat et Pascal imaginèrent simultanément les principes du calcul infinitésimal; un demi-siècle après, Newton et Leibnitz, amis et protecteurs de Denis Papin, en firent au même moment l'application. Lavoisier, Priestley, Scheele et Bayen découvrirent l'oxygène la même année.

« Quant à la question de patrie, comment la résoudre avec impartialité? S'agit-il du lieu où l'inventeur prit naissance, ou de celui où l'invention apparaît pour la première fois? Huygens et Cassini, l'un Hollandais, l'autre Italien, firent en France la plupart de leurs découvertes; Descartes et Papin, tous deux Français, passèrent les deux tiers de leur vie hors du sol natal; Poussin, notre compatriote, habita presque toujours l'Italie, et le compositeur Haendel vécut plus de cinquante ans en Angleterre. Est-ce à leur patrie originaire ou à leur patrie adoptive qu'appartiennent les œuvres de leur génie? Si Fulton a produit en France son projet de bateau à vapeur, avons-nous le droit de revendiquer son admirable invention? L'histoire de la science ne saurait s'arrêter à ces discussions; elle rend justice à tout homme qui présente des titres légitimes au développement de l'intelligence, au progrès de la civilisation, et ne voit, dans tous ceux qui ont fait prévaloir une idée féconde, que les membres d'une même famille, celle des bienfaiteurs de l'humanité.

« Les grandes inventions destinées à changer la face de l'humanité n'entrent le plus souvent dans le domaine des faits accomplis qu'après avoir passé dans une filière, en quelque sorte providentielle, de tentatives isolées, mais résumées et appliquées par les études approfondies d'un homme perspicace et désintéressé, n'ayant d'autre guide que la science, et d'autre but que d'être utile à l'humanité, sans tenir compte du milieu d'erreurs et de préjugés dans lequel ses découvertes sont conçues ou mises en œuvre.

« Denis Papin fut un de ces hommes exceptionnels.

« Voici, en résumé, le bilan de ses travaux et de ses découvertes, dont s'est emparée l'industrie contemporaine :

« 1674 à 1709. -- Perfectionnements et modifications de la machine pneumatique.

« 1681-1687-1711. — Appareil employé de nos jours sous les noms de marmite de Papin, autoclave, etc.

« 1685 — Découverte du principe des siphons à pression de l'air, par la faculté qu'ils ont de s'épancher à la partie supérieure.

« 1687. — Découverte et première application du principe qui dirigera peut-être la locomotion de l'avenir : le chemin atmosphérique.

« 1695-1709. — Appareil fumivore ou de combustibilité de la fumée. Cette idée de Papin, reprise et perfectionnée depuis quarante ans, donne la vie à une foule d'usines.

« 1709. — Méthode d'administration d'air amélioré, soit en chambre, soit en serre à air comprimé, méthode qu'utilise avec avantage la thérapeutique moderne.

« 1681. — Gouvernement de la vapeur, soupape de sûreté.

« 1687-1695. -- Robinet à deux voies doubles, dont Watt et Leupold ont fait un des principaux organes des machines à vapeur à haute pression.

« 1690-1695. — Application des appareils mécaniques de la vapeur. Mouvement de rotation. Condensation par le refroidissement. Piston à double effet et à deux corps de pompe.

« 1690-1698. — Premières expériences d'une machine à vapeur à haute pression. Essai de combinaison de la machine atmosphérique et de la machine à jet direct de Salomon de Caus.

« 1698. — Wagon ou chariot mené par la vapeur sur un modèle réduit.

« 1704. — Construction d'un bateau à vapeur ; les roues doivent, après un essai fait à force de bras, recevoir l'impulsion de la vapeur.

« 1707. — Lancement à l'eau de cette embarcation ; réussite ; sa destruction violente par une autorité ignorante et brutale et une population stupide.

« 1707. — Exécution définitive d'une machine à vapeur à haute pression, sans condensation, avec double soupape de sûreté et soulèvement d'un courant d'eau assez puissant pour faire tourner un moulin.

« Résumons maintenant, pour les comparer à l'œuvre capitale de Papin, les diverses tentatives faites par ses prédécesseurs, afin d'employer la vapeur au service de la locomotion.

« 1543. — Blasco de Garay, Espagnol, fait dans le port de Barcelone, en présence de Charles-Quint, l'expérience d'un bateau sans voile ni rames, par un procédé qui n'a pas été communiqué par son auteur et qui est resté inconnu.

« 1562. — Mathesius, Allemand. Simple assertion touchant l'emploi des machines à feu dans les mines de la Bohême.

« 1569. — Besson, Français. Expériences concernant le volume relatif d'une quantité d'eau et de vapeur, idée reprise en 1601 par Porta, Italien ; en 1613, avec plus de succès, par Moreland, Anglais.

« 1605. — Rivault, Français. Théorie neuve de la puissance élastique de la vapeur.

« 1614. — Salomon de Caus, Français. Appareil pour élever l'eau, basé sur la théorie de Rivault.

« 1629. — Branca, Italien. Mécanisme mû par un jet externe de vapeur, autre par un courant d'air chaud.

« 1683. — Moreland, Anglais. Rapport approximatif des volumes de l'eau et de la vapeur. Indication d'un moyen de gouverner les forces de la vapeur. Nul appareil. Nulle mise en œuvre.

« Telle est l'histoire abrégée des effets mécaniques de la vapeur jusqu'aux temps voisins des expériences de Papin.

« Répétons cette conclusion de M. de la Saussaye, savant auteur de la *Vie de Papin*, membre de l'Institut et de la Société académique de Blois :

« En ce qui regarde le seul gouvernement de l'eau vaporisée, qu'ont fait les successeurs de Papin, les Savery, les Newcommen, les Watt, les Leupold et tant d'autres, sinon d'agencer, de combiner, de modifier plus heureusement ce qu'il avait trouvé : la soupape de sûreté, le piston, le condenseur, l'épistome à quatre ouvertures, le double effet, la haute pression? Qui donc est l'inventeur, le vrai, le réel inventeur? La postérité a répondu : un Français, un Blésois, Denis PAPIN. »

III

Claude-Dorothée, marquis de *Jouffroy d'Abbans*, né à Roche-sur-Rognon (Haute-Saône), le 30 septembre 1751, étant venu à Paris examiner la pompe à feu de Chaillot, établie par les frères Perrier, conçut le projet d'appliquer à la navigation le moteur de cette pompe.

Dès 1776, dans son propre pays, et avec l'aide d'un pauvre chaudronnier, il créait un premier bateau sur lequel il installait une machine de Watt et le faisait fonctionner sur le Doubs, à Baume-les-Dames, entre Montbéliard et Besançon.

Un peu plus tard, en 1780, il lançait sur la Saône un second bateau, beaucoup plus considérable, puisqu'il mesurait 46 mètres de long et 4m,50 de large, et pesait plus de trois mille livres.

Des jalousies, auxquelles les savants de l'époque ne demeurèrent pas assez étrangers, arrêtèrent alors ses travaux et le livrèrent à la dérision des ignorants.

Plus tard seulement, sous les Bourbons, il construisit un nouveau bateau, le *Charles-Philippe*, dont le comte d'Artois fut le parrain, et une expérience suivie de succès eut lieu le 20 avril 1817. Ce succès n'ayant pas désarmé l'envie et convaincu l'incrédulité, il se retira cette fois encore dans sa province, fonda une petite société au capital modeste de 24 000 francs, construisit un autre bateau, le *Persévérant*, et établit un service régulier entre Châlons et Lyon. Il mourut, en 1832, à l'hôtel des Invalides.

Dans l'intervalle le problème avait été définitivement résolu par Robert Fulton, dès 1807. Fulton, né en 1765, à Little-Britain, Pensylvanie, et d'abord ouvrier joaillier, avait quitté l'Amérique en 1786, et était venu à Paris en 1796. Après avoir cru pouvoir compter sur l'aide du premier consul, il avait dû renoncer à rien obtenir de l'empereur, auquel pourtant, s'il avait été compris par lui, il pouvait fournir le moyen d'opérer sa descente en Angleterre; et il était reparti pour l'Amérique, où le succès devait enfin couronner sa persévérance. On raconte que, le 11 avril 1807, quand l'intrépide inventeur quitta enfin le quai de New-York, ce fut au milieu des huées qu'il eut à traverser la foule pour s'embarquer. Mais ce fut au milieu des acclamations qu'il se mit en marche. Ayant presque aussitôt organisé un service entre New-York et Albany, personne, malgré son succès incontesté, n'osa d'abord se confier à sa machine. Un seul voyageur, au retour, fut plus hardi. Ayant pénétré dans la cabine, il y trouva Fulton occupé à écrire, et lui demanda le prix du passage. C'était 6 dollars. Le voyageur tira la somme de sa poche; mais voyant Fulton, au lieu de la mettre dans la sienne, la garder dans sa main et la considérer d'un air étrange, il crut s'être trompé, et lui demanda si c'était bien son compte. Alors le grand inventeur, levant sur lui ses yeux dans lesquels brillaient de grosses larmes : « Pardonnez-moi, monsieur, lui dit-il; mais je ne puis m'empêcher de penser que cet argent est le premier que depuis tant d'années j'aie reçu pour mes peines. »

II

Les anciens paraissent avoir ignoré la force de la vapeur. Huygens lui-même, au lieu de recourir à elle, avait imaginé une machine à poudre. C'est Papin qui le premier, en 1690, comme on l'a vu plus haut, eut l'idée d'introduire la vapeur dans un cylindre et de l'y condenser ensuite. On connaît sa tentative de navigation et ses infortunes. C'est à Papin que l'on doit aussi la soupape de sûreté.

La même année 1690, la machine dite atmosphérique était réalisée en Angleterre par deux ouvriers intelligents, Newcommen et Cawley.

En 1698 une autre, de Thomas Savery, était appliquée à l'élévation des eaux; mais bientôt détrônée par celle de Newcommen.

C'est cette machine de Newcommen que James Watt a transformée, comme il a été dit plus haut, d'abord en opérant la condensation dans une caisse séparée du piston (condensation isolée), d'où une économie des trois quarts sur le combustible, puis en créant la machine à double effet, c'est-à-dire en faisant agir la vapeur alternativement sur les deux faces du piston et supprimant l'intervention de l'air, enfin en introduisant diverses autres améliorations importantes.

L'emploi de la vapeur à haute pression, par surchauffement dans la chaudière, est dû à un Allemand nommé Leupold, qui l'essaya dès 1725. Il ne fut d'abord adopté que par l'Américain Olivier Evans, simple ouvrier, puis constructeur; et ce n'est que vers 1805 que Trevithick et Vivian répandirent ses machines en Angleterre.

III

Olivier Evans, à qui revient en grande partie l'honneur d'avoir introduit dans l'industrie les machines à haute pression, et qui, dès 1782, avait doté les États-Unis des moulins à farine à vapeur, avait, en 1786, demandé à l'État de Pensylvanie un double privilège pour ses moulins et pour une voiture à vapeur. Cette seconde idée d'une voiture marchant sans chevaux parut si étrange, qu'il n'en fut même pas fait mention dans le rapport. Dix ans plus tard cependant, en 1797, sur les instances d'Evans, le privilège lui fut accordé, mais en termes qui indiquaient peu de confiance, et « vu, disait le rapport, « que cela ne peut nuire à personne ». Et lorsque Evans se fut mis à l'œuvre, son entreprise fut généralement considérée comme un acte de folie. Un ingénieur d'un certain renom présenta même à la *Société philosophique* de Philadelphie un mémoire dans lequel il démontrait qu'il était impossible que jamais une voiture fût mise en mouvement par la vapeur. La société, heureusement pour elle, eut assez d'esprit *philosophique* pour ne pas laisser imprimer cette déclaration, « attendu, disait-elle, qu'on ne peut assigner de bornes au possible ». Vers la fin de 1800, en effet, la voiture à vapeur marchait dans les rues de la ville. Mais ce succès n'eut guère de conséquences pratiques et l'inventeur dut bientôt renoncer à la réalisation du roulage à vapeur pour se consacrer tout entier à la construction de ses belles machines à haute pression.

Trevitick et Vivian, en adoptant ses idées, firent, comme on l'a vu dans notre récit, quelque usage des voitures routières ; mais ils durent, eux aussi, reculer devant les difficultés et se rejeter sur l'emploi de leur voiture sur les chemins à rails, pour lequel ils prirent un brevet. Là encore ils ne purent aller loin, par suite de l'idée préconçue de l'impossibilité de faire mordre la roue sur le rail.

X

500 millions de voyageurs ne gagnassent-ils qu'une heure, et combien gagnent des journées! cela ferait, rien que pour l'Angleterre, 150 millions de journées de dix heures ou cent soixante mille années de trois cents jours de travail. C'est, au bas mot, autant d'existences actives de plus rendues disponibles pour le travail ou pour les affaires ; mais qui ne voit que ce calcul, quelque significatif qu'il soit, ne donne qu'une bien faible idée de ce que les chemins de fer et le développement des moyens de transport ont fait pour l'amélioration et l'extension de la vie humaine? Combien de choses aujourd'hui faciles qui sans eux seraient absolument impossibles? Pour n'en citer qu'un exemple, n'est-ce pas à eux que sont dus ces rapides et relativement économiques mouvements de grains qui ont mis enfin le monde civilisé à l'abri des famines? Chaque fois que,

grâce aux chemins de fer, un hectolitre de grain va là où il n'aurait pu aller sans eux, c'est une existence humaine qui est sauvée. Voici, au reste, s'il m'est permis de me citer moi-même, comment dans mon livre des *Machines* j'exprimais sous une forme plus générale cette même idée : « Tous les progrès se résolvent en un véritable accroissement de la vie ; ils font place sur la terre à un plus grand nombre de créatures raisonnables, et ils donnent à ces créatures plus nombreuses une part d'existence plus grande. L'homme, dit une parole célèbre, ne saurait ajouter ni un jour à sa vie ni une coudée à sa taille. Assurément, si l'on entend par là, comme on doit le faire, je le crois, qu'il n'est pas au pouvoir de l'homme de se soustraire même un seul instant, et pour le moindre objet, à la souveraine autorité des lois éternelles qui le régissent, et qu'il n'est rien en lui qui ne soit en la main de Dieu. Mais ces lois mêmes, comment le méconnaître ? l'ont destiné à grandir, à développer son être, à dominer le monde en le tournant mieux à son usage ; et, suivant une autre parole qui ne doit pas être séparée de la précédente, à *croître et à multiplier*. Or de mille forces, d'abord neutres ou ennemies, se faire graduellement des serviteurs et des auxiliaires, n'est-ce pas se donner des membres et même des sens nouveaux ? Dégager ses pieds de la fange impure des lieux bas et peu à peu s'élever sur l'univers dompté comme sur un piédestal, n'est-ce pas agrandir sa stature et dresser plus haut sa tête ? Épargner sa vie enfin, la soustraire aux périls et aux infirmités des premiers jours, refouler les animaux qui la menacent, dissiper la fièvre qui la mine, conjurer la famine et la peste, se garantir des intempéries, sauver l'enfance et soutenir la vieillesse, *allonger le temps en cessant de le perdre*, et reculer, par l'observation des lois de l'hygiène et de la morale les bornes de la longévité humaine, n'est-ce pas ajouter des jours à ses jours et des années à ses années ? »

Allonger le temps surtout, puisque « le temps c'est l'étoffe dont la vie est faite », c'est la grande affaire. Et c'est pour cela que l'on a pu dire, non sans raison, que le grand ennemi de l'homme, c'est la distance. Ceux qui diminuent la distance ne rapprochent pas seulement les corps, ils rapprochent les esprits et les cœurs. Ils abattent, trop lentement, hélas ! les murs mitoyens de l'ignorance, de la jalousie et de la haine.

L.

M. Séguin aîné est mort à Annonay, le 24 février 1875, dans sa 89e année. Il était né dans la même ville, le 20 avril 1786.

Neveu et élève de l'illustre Montgolfier, il sut mettre à profit les leçons d'un tel maître. Il commença de bonne heure sa carrière industrielle en société avec ses frères, et dès 1825 il créa et construisit notre première grande voie ferrée, celle de Lyon à Saint-Étienne. C'est également à lui que l'on doit les ponts en fil de fer et la locomotive à grande vitesse, qui ouvrit une ère nouvelle pour les chemins de fer et la navigation.

Des nombreux mémoires qu'il a écrits sur différentes questions scientifiques, les uns ont été publiés par lui, les autres ont été insérés dans les Comptes rendus de l'Académie des sciences. On lui doit aussi deux ouvrages importants : le premier, sur les ponts en fil de fer, qui a paru en 1826; le second, sur les chemins de fer, en 1839.

Il était depuis longtemps déjà correspondant de l'Institut.

« Modeste dans ses goûts, dit l'*Écho de l'Ardèche*, et fuyant les honneurs, il menait une vie retirée; respecté et aimé de sa nombreuse famille, il employait sa fortune, acquise par le travail, à faire le bien autour de lui, considérant le titre d'ami des pauvres comme le plus beau. »

II

C'est en 1826 que la compagnie propriétaire des houillères de Saint-Étienne et de Rive-de-Gier avait obtenu l'autorisation d'établir une voie ferrée pour transporter ses charbons à Lyon. Elle fit venir, pour son usage, deux locomotives sorties des ateliers de Stephenson, dont l'une, dit M. L. Figuier, fut envoyée comme objet d'étude à M. Hallette, constructeur à Arras, et l'autre amenée à Lyon pour servir de modèle à celles qu'y devait construire M. Séguin, directeur du chemin de fer. Ce fut en examinant celle-ci que l'habile ingénieur français fut frappé de l'insuffisance de la surface de chauffe et qu'il conçut l'idée de développer cette surface en divisant en tubes de petit diamètre le gros tube unique conservé par Stephenson. Ses premières chaudières contenaient quarante-trois de ces tubes; on alla bientôt à soixante-quinze, et plus tard à cent vingt-cinq.

III

La difficulté n'avait pas échappé à l'esprit perspicace de M. Séguin. « Le principal obstacle, dit-il, était la difficulté d'obtenir, dans le foyer, un courant d'air assez fort pour déterminer les produits de la

combustion à passer au travers des tubes qui remplaçaient la cheminée
de la chaudière... Il fallait avoir recours à un moyen d'alimentation
artificielle absolument indépendant du tirage de la cheminée. » Aussi
avait-il placé d'abord sous le foyer, puis dans la cheminée même, un
ventilateur, dit à force centrifuge, qui remédiait en partie au mal.
Mais cet appareil, tout ingénieux qu'il fût, était peu commode et sujet
à divers inconvénients. L'idée de Stephenson était bien supérieure,
de même que la chaudière tubulaire de Séguin était bien supérieure à
la chaudière simple; et c'est de leur réunion, comme nous l'avons dit,
que date la complète réalisation de la locomotive. « Les chaudières
tubulaires et l'injection de la vapeur dans la cheminée, dit M. L. Figuier, sont les deux découvertes capitales qui ont donné à la machine
locomotive la puissance extraordinaire de vitesse qui la distingue au-
ourd'hui. »

●

LA FAMILLE PEASE. — La note suivante, due à l'obligeance de
M. Henry Richard, membre du Parlement et secrétaire de la Société
de la paix de Londres, sera lue avec plaisir et profit.

« *Edouard* PEASE, l'ami et le patron de G. Stephenson, fut le chef
de la famille, dont il commença l'illustration. C'est à lui qu'on a dé-
cerné le nom de « père des chemins de fer ». On lui doit, ainsi qu'à
ses fils, la mise en exploitation de vastes houillères et la création
d'établissements métallurgiques colossaux dans le comté de Durham.
Middlesborough, dont l'emplacement n'était qu'une lande stérile lorsqu'il en fit l'acquisition, est devenu, grâce à sa famille et au chemin
de fer de Stockton à Darlington qui lui est tout particulièrement dû,
une ville de 60 000 à 70 000 habitants, centre d'un populeux district.

« *Joseph* PEASE, son second fils, que j'ai eu l'honneur d'avoir pour
ami, homme d'une haute intelligence et d'un esprit large et noble,
donna une grande extension à l'œuvre de son père. Il fut élu, il y a
une quarantaine d'années, membre du Parlement pour le comté de
Durham. C'était le premier quaker (ou membre de la *Société des amis*)
qui fût arrivé à ce poste, et ce fut l'occasion d'un changement dans la
loi anglaise. Tout membre de la Chambre des communes doit, comme
on sait, au moment de son admission, prêter serment de fidélité à la
reine et à la constitution : et les quakers, prenant à la lettre les paroles de l'Évangile « Ne jurez pas », ont pour principe de refuser tout
serment. Déjà, depuis un certain nombre d'années, on les admettait à
déposer en justice sur leur simple affirmation. Joseph Pease, lorsqu'il

se présenta à la barre de la Chambre, déclara respectueusement qu'il ne pouvait prêter le serment d'usage. Le cas (sur la proposition de lord John Russell, si je ne me trompe) fut renvoyé à une commission, et cette commission, à l'unanimité, proposa qu'il fût admis sur sa simple affirmation, donnant ainsi un remarquable témoignage de son respect pour la secte religieuse à laquelle appartenait le nouvel élu. Depuis lors, tous les quakers envoyés à la Chambre, M. J. Bright entre autres, ont été dispensés du serment.

« M. Joseph Pease siégea au Parlement pendant plusieurs sessions et y prit une part active à diverses réformes philanthropiques, telles que l'abolition de l'esclavage et la réforme du code pénal. À la mort de M. Joseph Sturdge, vers 1800, il fut élu président de la Société de la paix, et occupa ce poste avec autant d'activité que de zèle jusqu'à sa mort, arrivée en 1872.

« *Henry* PEASE, son frère cadet, qui partageait toutes ses idées, lui avait succédé à la Chambre des communes, et lui succéda également, lors de sa mort, à la présidence de la Société de la paix, poste qu'il occupe encore. C'est lui qui est venu, en cette qualité, au Congrès des Sociétés de la paix à Paris, en 1878; et l'on y a remarqué sa belle tenue et la noblesse de ses traits où brille l'amour de l'humanité.

« C'est ce même Henry Pease, qui, en janvier 1854, avait fait partie de la députation de trois personnes envoyées par la *Société des amis* au czar Nicolas, pour le détourner de la guerre. Il disait plus tard à propos de ce voyage :

« Lorsque c'est pour défendre son pays qu'un homme prend l'épée, je ne me crois pas le droit d'intervenir ; mais je réclame, moi aussi, le droit de servir mon pays comme me le commande mon patriotisme, dussé-je, pour cela, m'arracher au repos et aux douceurs de mon foyer pour aller, à travers les neiges de la Russie, à près de deux milliers de milles. »

« M. Henry Pease est le seul survivant de la seconde génération.

« Dans la troisième, on a surtout remarqué les cinq fils de Joseph, père d'une très nombreuse famille. Tous ont été des hommes extrêmement distingués et fidèles aux bons exemples de travail et de dévouement qu'ils avaient reçus. Trois sont morts; l'un d'eux, nommé Edouard comme son grand-père, tout récemment, en 1879. D'une générosité aussi intelligente que large, il fut l'un des membres les plus actifs et des principaux appuis de la Société anglo-orientale pour la suppression du trafic de l'opium, que condamnaient à la fois son cœur et sa raison. Touché de la situation de l'Irlande, il entretenait dans ce pays un agent à lui, chargé de rechercher et de soulager les plus cruelles misères de la région de l'Ouest. Mais cette préoccupation des maux lointains ne lui faisait pas oublier que « charité bien ordonnée commence par soi-même et par sa maison ». Acquéreur de terres considérables près de Bendley, il s'occupait de transformer le pays matériellement et moralement en y introduisant les meilleures sortes d'animaux et de végétaux, comme en y ouvrant des écoles et en y faisant l'éducation de son personnel. Il était pour sa famille et pour ses serviteurs le meilleur des amis, et pour les pauvres un bienfaiteur attentif et affectueux. Il a laissé en mourant 10 000 livres sterling (250 000 fr.) pour l'amélioration morale et intellectuelle de la jeunesse de Darlington, lieu de sa résidence.

« Comme les autres membres de sa famille, M. Edouard Pease était un ardent ami de la paix. Il m'a accompagné à Paris dans un des voyages que j'ai faits pour le service de cette cause.

« Les deux frères survivants, *Joseph-Whitwell* PEASE et *Arthur* PEASE, sont membres du Parlement, le premier depuis longtemps déjà, comme représentant de Durham après la retraite de son oncle Henry. Le second a été élu aux dernières élections par le bourg de Whitby. M. Joseph-Whitwell Pease s'est distingué par les services qu'il a rendus à la cause de la paix et à celle de la tempérance.

« Il a été l'un des plus énergiques défenseurs des indigènes de nos colonies, et en dernier lieu, reprenant la tâche de son frère Edouard, il a développé avec un remarquable talent une motion contre le commerce de l'opium en Chine, l'une de ces taches déplorables qui malheureusement ternissent encore la gloire de l'Angleterre. Je m'honore d'avoir pris part à côté de lui à l'intéressante discussion provoquée par ce discours. »

F

William HUSKISSON, né en 1770, député et homme d'État influent, est surtout connu pour les réformes qu'il commença à introduire, comme président du bureau du commerce, à partir de 1823, dans la législation douanière de l'Angleterre. C'est de lui que date, à vrai dire, le grand mouvement dont plus tard Cobden, Fox, Bright, Wilson et leurs amis furent les principaux promoteurs, et dont Robert Peel eut l'honneur d'être l'exécuteur. C'était un homme non seulement d'un grand talent, profondément versé dans la connaissance des faits et des doctrines économiques, mais du plus noble caractère et de la plus généreuse loyauté. On a de lui des déclarations à ses électeurs, à l'occasion de questions sur lesquelles il se trouvait en désaccord avec eux, dont la dignité s'élève jusqu'à la grandeur. Son nom, universellement respecté, est resté populaire en Angleterre. Voici ce qu'on lisait, le 23 septembre dernier (1880), dans le *Daily Telegraph* :

« C'est demain le 50ᵉ anniversaire d'une cérémonie qui fit, en son temps, une sensation profonde non seulement dans les Iles Britanniques, mais on peut dire dans toute l'étendue du monde civilisé. C'est le 24 septembre 1830 que les restes mortels du très honorable William Huskisson, membre du Parlement, furent solennellement déposés dans le nouveau cimetière de Liverpool, au milieu de démonstrations de la douleur publique telles qu'on en a vu rarement aux funérailles d'un homme d'État anglais. Tout le monde sait que c'est à l'occasion de l'ouverture du chemin de fer de Manchester et de Liverpool que M. Huskisson fut renversé, à la station de Parkside, par la locomotive la *Fusée* qui lui passa sur la jambe droite. « Je suis frappé à mort, » telles furent les premières paroles du malheureux blessé ; et, malgré tous les soins des amis dont il était entouré au moment de sa chute, il rendit le dernier soupir, après une cruelle agonie, dès le soir même. Le samedi 18 le corps fut rapporté à Liverpool, à la demande des habitants de cette ville, dont M. Huskisson était le représentant à la Chambre des communes ; et le vendredi suivant il fut conduit à sa dernière demeure par le clergé de Liverpool, en grand appareil. Un deuil de soixante-quatre rangs, sur six de front, suivait le cercueil ; et l'on remarquait dans le cortège les voitures de lord Stanley, de lord Gower, de M. Wilson Patton, de sir Strafford Canning, et de M. Gladstone, père du premier ministre actuel, toutes occupées par ces illustres personnages. La tristesse de ce grand et illustre cortège faisait un étrange contraste avec les transports de joie dont ne pouvaient se défendre ces mêmes hommes en songeant que cette mort lamentable du grand homme d'État coïncidait avec le triomphe du grand mécanicien Stephenson, constructeur de la *Fusée*, qui venait enfin de démontrer à tous les yeux la possibilité de faire circuler sans peine et sans danger une locomotive, traînant une douzaine de voitures du poids total de treize tonnes, à la vitesse de trente milles à l'heure, sur la voie ferrée qu'il avait lui-même installée entre Manchester et Liverpool. Lorsque la *Fusée*, ayant rempli toutes les conditions imposées aux locomotives admises au concours, arriva au terme de son heureuse course, M. Cropper, qui s'était d'abord prononcé en faveur du système des machines fixes, ne put s'empêcher de s'écrier : « Pour le coup, Georges Stephenson a enfin donné sa mesure ! »

« Il n'y a qu'un demi-siècle que ces choses se sont passées, conti-

nue le journal anglais, et les hommes assez ages pour les avoir vues
ont besoin d'un effort pour se rappeler le monde tel qu'il était à l'é-
poque de leur jeunesse et le comparer à ce qu'il est maintenant. » Il
donne ensuite, d'après un discours prononcé à la fin de 1877, par lord
Hardington, pour l'inauguration d'une statue de G. Stephenson sur la
place du marché de Chesterfield (lieu où il mourut), un résumé de la
vie de l'illustre mécanicien et de ses travaux qui n'est pas seulement
remarquable par lui-même, mais qui prouve à quel point la vie du
grand inventeur et la révolution accomplie par lui dans l'histoire de
l'humanité sont restées populaires en Angleterre. On doit, du reste,
au mois de juin prochain, célébrer le centième anniversaire de sa
naissance ; et « ce sera pour ses compatriotes, dit le *Daily Telegraph*,
« une occasion nouvelle de manifester leur reconnaissance en affirmant
que, parmi les hommes illustres et utiles que l'Angleterre a vus naître,
il n'en est guère qui puissent être mis au-dessus de celui qui
donné au monde la locomotive à vapeur. »

Voici les paroles de M. Jules Simon auxquelles il a été renvoyé
p. 141. Elles ont été prononcées en janvier 1879, à l'ouverture de la
section des Quinze-Vingts de l'Association philotechnique de Paris
à la suite d'une conférence faite par M. F. Passy sur la vie de Georges
Stephenson :

« De tous les services qu'on peut rendre aux hommes, le plus important, c'est de donner l'instruction à ceux qui en manquent. Ceux
qui donnent une partie de leur fortune font du bien ; ceux qui secou-
rent les malades font du bien ; ceux qui fondent des hôpitaux font
du bien ; mais ceux qui fondent des écoles font le plus grand bien,
parce que, si les autres guérissent le mal, eux tuent le mal !

« Vous nous parliez tout à l'heure, monsieur, d'un prince royal qui,
mettant le pied dans une vaste usine, demanda : « Que fait-on ici ? »
On lui répondit : « Ce que les princes aiment le mieux : de la puissance ! » Ce n'est pas seulement dans les usines qu'on crée de la puissance. Nous gardons tous dans nos souvenirs le spectacle de cette merveilleuse galerie du travail, qu'on vient de fermer, où la vapeur,
circulant de toutes parts, ici transportait des masses énormes, là
divisait des blocs de fer, plus loin mettait en mouvement des milliers de broches. Il semble que le génie humain ne puisse aller plus
loin, ne fasse rien de plus grand. Il y a un lieu pourtant où sans

bruit, sans appareils, sans machines, on crée des forces bien autrement puissantes que la vapeur. Et c'est ici, messieurs, c'est dans
l'école que nous créons la force pensante, l'outil qui fait les outils!

« On s'habitue aux merveilles. Ce qui paraissait hier si surprenant
nous semble aujourd'hui tout naturel, depuis que nous en jouissons
sans efforts. Cependant, tâchez de voir le monde tel qu'il était, je ne
dis pas il y a deux ou trois siècles, mais il y a cinquante ans. On
était encore tout émerveillé de la création des bateaux à vapeur, de
la découverte du daguerréotype; on commençait à peine dans les
villes à remplacer les réverbères à l'huile par le gaz. Le peignage
et le tissage du coton et de la laine se faisait presque partout par les
machines à bras. On transmettait les nouvelles par le télégraphe
aérien des frères Chappe. On voyageait en poste à grands frais, avec
beaucoup de peine, et des pertes de temps que nous trouvons à présent inouïes. Qui aurait pensé alors, qui aurait osé prédire qu'à une
époque si rapprochée le labourage même se ferait à la vapeur? Nous
en sommes à ne plus compter les inventions; chaque jour en apporte
de nouvelles. On dévore l'espace; on parle à l'oreille d'un homme
qui demeure à mille lieues d'ici; on prend en deux minutes l'em-
preinte d'un paysage, d'une physionomie; on transforme les matières
textiles en étoffes avec une rapidité vertigineuse; on fait des téles-
copes qui amènent tout près de nous les objets les plus lointains; on
force la mer à reculer, on inonde les déserts, on joint les continents,
on liquéfie les gaz impondérables. Comme une avalanche, qui tombe
d'un sommet des Alpes, descend d'abord lentement, majestueusement,
puis se précipite et semble enfin courir et bondir avec une vitesse
effrénée : ainsi les progrès accomplis par la science, nés d'hier, se
multiplient, se groupent, s'accumulent, au point que le monde change
d'aspect comme une féerie, que les anciennes classifications dispa-
raissent, que les anciens obstacles s'abaissent, ou même s'assouplis-
sent et se transforment en organes de nos volontés! On a célébré en
prose et en vers la conquête du cheval. Aujourd'hui nos constructeurs
font des machines de douze cents chevaux. Un demi-siècle fait plus
de transformations que vingt siècles. Le bon sens ne progresse pas
moins que l'esprit d'invention et de découverte. Qu'aurait-on fait de
Watt, qui a trouvé la vapeur, ou de Stephenson, qui a trouvé les chemins de fer, ou de sir Humphrey Davy, qui a vaincu le grisou, ou
de Papin ou de Jacquard, ou de Pasteur, ou de Sainte-Claire-Deville,
si, au lieu de vivre de nos jours, ils avaient fait leurs découvertes au
moyen âge? On les aurait brûlés! Nous, nous leur dressons des
statues.

« Vous nous avez dit, monsieur, l'histoire de Georges Stephenson : une histoire faite pour nous! Un enfant pauvre, et même misérable, fils d'un mineur, enfoui lui-même au fond d'une mine à l'âge où il est si doux de s'ébattre au soleil; petit et chétif, dans ce commencement, au point de redouter la visite de l'inspecteur; marié jeune, quand il n'était encore qu'un ouvrier, passant le jour sous la terre, et la nuit raccommodant des chaussures pour donner un peu d'aisance au pauvre ménage; cultivant son intelligence au milieu de ce dur labeur; apprenant presque seul la lecture, l'écriture, la mécanique; arrivant par ses propres forces à égaler et bientôt à surpasser les plus savants; dotant son pays et le monde de découvertes qui renouvellent les relations de l'humanité, augmentent la richesse des riches, détruisent la misère des pauvres; et vous vous êtes demandé qui donc méritait le mieux des statues, ou de Georges Stephenson, ou de Napoléon le Grand!

« Oui, oui, qu'on lui élève des statues! qu'on les dresse à côté du premier chemin qu'il a créé, ou mieux encore à l'ouverture béante de la mine où il a travaillé et souffert! Mais non; au lieu d'une statue, qu'on fasse de lui et de ses semblables de belles images, reproduites par la photographie, et vendues à bon marché. Nous en placerons dans toutes nos écoles, et nous mettrons à côté une feuille de papier blanc sur laquelle le maître d'école inscrira deux lettres de l'alphabet : R. F.! Nous enseignerons ainsi à nos élèves comment le génie vient à bout de vaincre l'ignorance, comment le patriotisme vient à bout de vaincre le privilège, comment la raison vient à bout de vaincre le préjugé et la routine. Le monde est à nous, citoyens, si nous savons travailler, si nous savons étudier, si nous savons aimer. Et voilà ce que j'appelle la République! »

Voici enfin, après ces paroles de l'orateur, un extrait du rapport de l'écrivain comme président du jury de l'Exposition universelle de 1878. On lira avec plaisir cet éloquent panégyrique de la science, la grande rédemptrice.

« Même en Europe, les chemins de fer se sont faits par tronçons; et il en résulte, pour les grandes migrations d'hommes et de marchandises, des pertes de temps et d'argent. L'ère des véritables grandes lignes va commencer. L'Angleterre ira directement en chemin de fer à Trieste et à Constantinople. Le réseau européen de la Russie se reliera par le centre de l'Asie aux chemins orientaux.

« Cela pourra faire un chemin de 6000 kilomètres. Cette dépense d'hommes et d'argent vaudra bien la construction des pyramides

Le mot du XIX° siècle est : *prodesse* (être utile) ! Il arrive au sublime par la grandeur des moyens et des résultats. L'Europe dirigera de toutes parts ses rails vers la Chine et l'envahira. Les sables de l'intérieur de l'Afrique ne seront pas un obstacle. Dût-on marcher la sonde à la main, creuser un nombre indéfini de puits pour multiplier les oasis, il y aura une ligne d'Alger jusqu'au Cap. Il y a quarante ans, on venait à P -is pour voir le chemin de Paris à Saint-Germain, cette merveille ; encore n'allait-il pas plus loin que le Pecq : il avait eu peur de cette taupinière, sur laquelle les rois ont mis un beau château et les citoyens une jolie ville. Dans quarante ans, on rira de la génération d'à présent, qui appelle Paris-Lyon-Méditerranée une grande ligne, et qui croit faire un voyage quand elle se promène de Paris à Saint-Pétersbourg. L'Amérique a reconnu qu'il n'y a de New-York à San-Francisco, d'un océan à l'autre, pas plus de 5400 kilomètres. C'est l'affaire d'une semaine, avec un bon chemin de fer. On s'occupera aussi de l'Amérique méridionale. Un chemin de fer partira des rives de la Plata, traversera les pampas, franchira la crête centrale des Andes et atteindra l'océan Pacifique sur la côte du Pérou ou du Chili. On pourra relier au Pacifique la tête de la navigation à vapeur du fleuve des Amazones.

« Le monde ne doit pas rester, comme le voilà, dépourvu de grandes lignes. Pendant la maladie du ver à soie, il fallait aller chercher des graines en Chine et au Japon ; il fallait, pendant la guerre de la Sécession, aller prendre du coton dans les Indes. Pas d'autre voie pour y parvenir que l'océan ! C'est une perte de temps impossible. En temps de famine, il est nécessaire d'avoir instantanément le riz des Chinois. En cas d'épuisement de la houille, il faudrait faire arriver sur-le-champ des trains de marchandises jusqu'à l'orifice des mines les plus lointaines. L'espace ne doit plus être une objection.

« On rencontre des obstacles. La science leur applique aussitôt le principe de la morale stoïcienne : « Transformer l'obstacle en instrument. » Cette petite butte de la terrasse, qui avait arrêté à ses pieds le chemin de fer de Paris à Saint-Germain, a donné naissance, après quelques années, à l'expérience du chemin de fer atmosphérique. On était embarrassé au moindre tournant : M. de Jouffroy a inventé ses trains articulés du chemin de fer de Sceaux. Il semblait qu'on dût s'arrêter aux premières assises du mont Cenis. En y pensant, on a trouvé qu'il ne s'agissait que de faire un percement de 12 kilomètres. Comme la poudre allait trop lentement, la science a fourni la dynamite. L'air manquait aux ouvriers, la science s'est chargée de leur en fournir. Un percement à air libre, comme l'isthme de Suez, ne l'embarrasse pas : elle vous dira d'avance comment s'établira le niveau entre les deux mers, quand la mine aura fait sauter le dernier obstacle. Si vous voulez passer sous la mer, elle est prête. Elle vous dira d'abord la topographie du fond de la mer entre Douvres et Calais; elle vous en fera connaître la composition; elle vous apprendra l'épaisseur de la croûte qu'il faut maintenir entre l'eau et la voie ferrée. Creuser la terre ou le roc, soit en profondeur, soit en largeur; faire respirer les ouvriers dans ces souterrains; emporter les terrains de déblayement; apporter les outils, les matériaux, la lumière, l'air respirable; construire des murs capables de résister aux plus fortes pressions, ce sont des jeux pour elle : la seule et unique question est de savoir si le profit compensera la dépense. Prouvez seulement que le chemin est utile, et le chemin sera.

« Il y avait dans le monde deux isthmes, qui nous ont, en vérité, donné bien du mal pendant des siècles : l'isthme de Suez et l'isthme de Panama. Qu'on s'imagine un isthme fermant la Méditerranée à Gibraltar et en faisant un lac, dans la force du terme. M. de Lesseps a percé l'isthme de Suez; c'en est fait; l'Afrique est désormais une île gigantesque. Il va de même séparer l'Amérique en deux îles par la suppression de l'isthme de Panama. Ces deux percements ont pour effet de rapprocher toutes les parties de l'humanité; c'est comme une armée qui se concentre. Le monde se rapetisse par cette rapidité des communications; mais aussi nous l'avons dans la main; nous achevons d'être chez nous. »

« Il faudra toujours du temps pour porter les hommes et les autres colis; il n'en faut plus pour porter la pensée, grâce au télégraphe et au télégraphe sous-marin. Nous n'avons encore immergé que les premiers câbles. C'est tout un réseau qui commence. Il y aura bientôt une conversation entre tous les hommes, quel que soit le point de la terre qu'ils occupent. »

FIN DE L'APPENDICE.

TABLE DES MATIÈRES

DEUXIÈME PARTIE

L'AGE MUR. — LUTTES ET TRIOMPHES.

TROISIÈME PARTIE

MORALE DE L'HISTOIRE DU PETIT POUCET.

FIN DE LA TABLE DES MATIÈRES.

Coulommiers. — Imp. PAUL BRODARD. — 145-05.

www.ingramcontent.com/pod-product-compliance
Ingram Content Group UK Ltd.
Pitfield, Milton Keynes, MK11 3LW, UK
UKHW022218120726
13694UKWH00002B/598